PARTIES
PROPORTIONNELLES,

CALCULÉES DE SECONDE EN SECONDE,

pour la déclinaison du soleil, la déclinaison de la lune, son ascension droite, son passage au méridien, sa distance vraie au soleil ou à une planète, sa parallaxe équatoriale, l'équation du temps, la marche diurne du chronomètre à l'égard des heures et minutes approchées de Paris, le nombre entier de jours écoulés par cette marche diurne, la conversion du temps moyen en temps sidéral, et réciproquement; plus une table pour faire le point,

PAR

E. DAVID,

CAPITAINE AU LONG-COURS.

DINAN,

J. BAZOUGE, IMPRIMEUR-LIBRAIRE.

1859.

AVERTISSEMENT.

Le besoin de calculer à chaque instant des Parties proportionnelles m'a fait naître l'idée d'en calculer une table à la fois simple et entière et d'un format commode.

Pour obtenir des résultats sans erreur, j'ai poussé le calcul jusqu'aux dixièmes de tierces pour les huit premiers nombres de chaque page, afin d'avoir des tierces exactes, qui, pour la déclinaison ou l'ascension droite de la lune, sont prises pour des secondes, comme on le verra plus loin. On verra aussi du premier coup quel avantage on a sur les logarithmes, lorsqu'il faut calculer un élément quelconque.

Pour la conversion du temps sidéral en temps moyen, j'ai mis à la fin de l'ouvrage les produits d'un nombre suffisant de jours sidéraux, par 3^{m} 55^{s} 909, afin qu'on n'ait plus qu'à y joindre la Partie proportionnelle marquée par les heures et minutes de l'époque donnée.

Cette table a été faite et vérifiée par un moyen infaillible ; et si, pour prix de mes travaux, elle sert autant que je le désire à ceux qui font usage des Parties proportionnelles, je ne regretterai ni le temps ni les soins minutieux que j'ai employés à la faire.

La table pour faire le point est aussi très simple et très exacte, et n'a besoin d'aucune explication ; je me bornerai à en donner un seul exemple.

EXPLICATION ET USAGE DE LA TABLE.

Les nombres de la première colonne horizontale sont exprimés en minutes de degrés et représentent le changement en 12 heures, en 24 heures et en 3 heures. En les faisant cadrer avec l'heure de Paris, il n'y a rien à changer au résultat donné par la table ; mais si on les prend pour des degrés, des minutes, des secondes ou des dixièmes, le résultat est alors des degrés, des minutes, des secondes ou des dixièmes.

La quinzième colonne est la valeur de 12', elle contient les heures, minutes et trentaines de secondes relatives à tous les éléments variables en douze heures et la longitude réduite en temps.

La seizième colonne contient les heures et minutes de Paris pour tous les éléments variables en 24 heures, et la dernière pour ceux variables en trois heures ; remarquez en outre que cette dernière colonne se trouve aussi dans la première page et sous le chiffre 3'.

Les deux points qui se trouvent dans les colonnes indiquent le nombre moyen entre celui qui précède et celui qui suit.

La marche diurne du chronomètre est représentée par *a* dans les colonnes de la première page ; il n'y a qu'à descendre en face le nombre qui exprime les jours entiers écoulés pour en avoir le produit.

Les unités qui ne se trouvent pas dans cette première page sont à la droite de la seconde.

ÉLÉMENTS LUNAIRES.

Si l'heure de Paris contient des secondes au-dessus ou au-dessous de 30, prenez le nombre qui en approche le plus, mais en moins, et faites-le cadrer avec les degrés de changement ; multipliez les secondes négligées par la fraction qui est au bas de la colonne où vous avez pris les degrés ; ajoutez le résultat aux secondes déjà obtenues : ceci n'a lieu que pour la comparaison des degrés seulement avec les heures, et comme ces fractions sont la différence pour 1ˢ, on voit qu'il faut prendre le $\frac{1}{12}$, le $\frac{1}{6}$, le $\frac{1}{4}$, le $\frac{1}{3}$ ou la moitié, etc., des secondes que l'on néglige ; faites ensuite cadrer l'heure de Paris la plus rapprochée avec les minutes et les secondes de changement, vous aurez alors toutes les Parties proportionnelles. (*a*)

(*a*) Faites la même chose pour les éléments variables en trois heures, dont la différence pour une seconde est écrite en raction décimale au bas et en travers de la colonne intitulée 1'.

Quelques exemples éclairciront mieux qu'aucune explication. Je prends, pour servir de preuve, ceux dès pages 5 et 6 du type de M. Dubus, que possèdent la plupart des candidats.

N. B. Portez les Parties proportionnelles sous l'élément donné, et faites la réduction ; cette manière d'opérer est très expéditive.

DÉCLINAISON DU SOLEIL.

On demande de réduire la déclinaison du soleil pour le 1er mars 1854, à 19h 0m, T. M. de Paris.

Changement en déclinaison, du 1er au 2.	— 22′ 51″
Déclinaison du soleil, le 1er, à 0h	7° 35′ 34″ A
Pour 19h 0m sous 22′, la table donne.	— { 17′ 25″
— id. — sous 51″, id.	40″
Déclinaison du soleil, réduite à 19h 0m.	7° 17′ 29″ A

ASCENSION DROITE MOYENNE DU SOLEIL, OU TEMPS SIDÉRAL.

Mouvement du soleil en ascension droite, 3m 56s, 555 ou 4m-3s, 4. — Table IX. Ephémérides.

Réduire l'ascension droite moyenne du soleil, pour le 22 mars 1854, à 17h 36m 15s, T. M. de Paris.

Pour 17h 36m sous 4′, la table donne.	2m 56s
— id. — sous 3s-4, id.	— 2s 5
Partie proportionnelle.	2m 53s 5

CONVERSION DU TEMPS SIDÉRAL OU TEMPS MOYEN.

Table X. Ephémérides. — Variation, 3m 56s 0, ou 4m-4s.

Convertir 10 jours 9 heures 45m 20s, 6 de temps sidéral en temps moyen.

Pour 10 jours, la table donne.	39m 19s 1
Pour 9h 45m en regard de 4m-4s	1 35,9
Partie proportionnelle.	— 40m 55s 0

ÉQUATION DU TEMPS.

Calculer l'équation du temps pour le 1er mars 1854, à 19h 30m T. V. de Paris.

Changement de l'équation, du 1er au 2 mars.	— 12s 1
Equation du 1er à 0h.	+ 12m 37s,2
Partie proportionnelle.	— 9,8
Equation réduite à 19h 30m T. V. de Paris.	+ 12m 27s 4

DÉCLINAISON DE LA LUNE.

On demande de réduire la déclinaison de la lune pour le 14 mars 1854, à 17^h 55^m T. M. de Paris.

Changement en déclinaison de la lune, du 14, à 12^h, au 15, à 0^h		— 2° 54′ 27″
Déclinaison de la lune, le 14, à 12^h		5° 22′ 06″ B
Pour 5^h ou 5°, la table donne.	—	1° 12′ 41″
Pour 55^m ou 55′, id.		13 09 8
Déclinaison réduite.		3° 56′ 05″ 2

Ici je prends les 5^h 55^m sur la ligne horizontale et les 2° 54′ sur la colonne 12 ; je descends d'abord sous 5′, considérées comme 5°, jusqu'en face 2° 54′, et je trouve 1° 12′ 30″; or $\frac{6''}{10} \times 27$ donnent à vue 11″, ce qui fait 1° 12′ 41″. Je prends maintenant sous le petit doigt et l'index et en face de 2° 54′ 30″ la quantité 13′ 19″ 8 qui correspond à 50′ et à 5′.

Pour avoir moins de parties à chercher, il faut toujours opérer ainsi ; c'est-à-dire qu'il faut prendre sur la ligne horizontale le nombre qui contient le moins de subdivisions, et dans la ligne verticale celui qui en contient le plus.

ASCENSION DROITE DE LA LUNE.

Calculer l'ascension droite de la lune pour le 27 mars 1854, à 11^h 24^m 6^s, T. M. de Paris.

Changement en ascension droite, du 27, à 0^h, au 27, à 12^h	+ 6° 10′ 00″
Ascension droite de la lune, le 27, à 0^h	353° 58′ 57″
Pour 6° 10′ en face de 11^h 24^m 6^s la table donne..	5° 51′ 33″
Ascension droite de la lune réduite au T. M. de Paris.	359° 50′ 30″

PARALLAXE ÉQUATORIALE DE LA LUNE.

On demande de réduire la parallaxe équatoriale de la lune, pour le 1er mars 1854, à 7^h 30^m 12^s, T. M. de Paris.

Changement, du 1er, à 0^h, au 1er, à 12^h	— 23″
Parallaxe horizontale équatoriale de la lune, du 1er, à 0^h	57′ 17″
Partie proportionnelle pour 7^h 30^m.	— 14″
Parallaxe calculée.	57′ 03″

DEMI-DIAMÈTRE HORIZONTAL DE LA LUNE.

Le demi-diamètre horizontal de la lune se calcule comme la parallaxe équatoriale.

DISTANCE VRAIE DU SOLEIL A LA LUNE.

On demande de réduire la distance vraie du soleil à la lune, pour le 21 mars 1854, à 20h 43m 58s, T. M. de Paris.

Changement dans la distance, du 21, à 18h, au 21, à 21h, pour 3h.	— 1° 38′ 23″
Pour 2h 43m 58s sous 1°.	54′ 39″
Id. 30′.	27 20
Id. 8′.	7 17
Id. 23″.	21
	— 1° 29′ 37″
Distance vraie, le 21 mars, à 18h	83 32 30
Distance vraie du soleil à la lune, réduite.	82° 02′ 53″

TABLE POUR FAIRE LE POINT.

Le 15 avril 1859, étant par 30° 45′ latitude Nord et 18° 20′ longitude Ouest, on a fait 50 milles au Nord, 40° Est du monde. On demande le point d'arrivée.

Les multiplicateurs de la table sont donnés aux centièmes et pour un mille seulement.

En face 40°, la table donne	0,77	et	0,64	
Milles courus.	50		50	
Chemin Nord.	+ 38,50		32,00	à l'Est.
Latitude partie.	30° 45′		× 1,17	multipl. du chemin E. pris en face de la latit. moyenne.
Latitude d'arrivée Nord. .	31° 23′5		234	
			351	
Latitude moyenne. . . .	31° 04		— 37′ 44	changement en longitude.
		Long. p.	18° 20′ 00	
		Longitude d'arrivée. .	17° 42′ 56	Est.

La colonne des degrés, qui se trouve entre les heures des éléments en 12 heures et en 24 heures, est d'une grande utilité. Ces degrés sont un angle ou un arc, un demi-angle ou un demi-arc quelconque. C'est aussi la longitude pour laquelle on calcule le passage de la lune au méridien. La différence diurne des passages est donnée au bas de chaque page.

Exemple :

P = 33° 23' 45", trouver le temps correspondant.

Dans la colonne à gauche de 33° 22' 30" il y a 2^h 13^m 30^s ; pour 1' 15" de différence, prise au bas de la page à droite, on trouve 5^s à ajouter, ce qui fait 2^h 13^m 35^s.

Si $\frac{P}{2}$ = 33° 23' 45", prenez dans la colonne à droite 4^h 27^m, qui correspondent à 33° 22' 30" ; prenez ensuite dans la colonne qui est au bas et en travers de la page les 5 secondes qui correspondent à la différence 1' 15" ; écrivez-en *le double* à la droite des heures et minutes, et vous obtiendrez le temps correspondant, 4^h 27^m 10^s.

Réciproquement, connaissant le temps, trouver P ou $\frac{P}{2}$ en degrés. Cette opération est aussi facile que les deux autres.

On voit que P en degrés donne P en temps à sa gauche, et réciproquement ; que $\frac{P}{2}$ en degrés donne également P en temps à sa droite, et réciproquement.

30'	40'	50'	1'	2'	3'	4'	5'	6'	7'	8'	9'	10'	11'	h. m.	
			m s	m s	m s	m s	m s	m s	m s	m s					
0' 0"	0' 0"	0' 0"	0" 0"	0" 0"	0" 0"	0" 0"	0" 0"	0" 0"	0" 0"	0" 0"	0' 0"	0' 0"	0' 0"	0' 0"	0°
1	2	2	a = 2.5	a = 5	a = 7.5	a = 10	a = 12.5	a = 15	a = 17.5	a = 20	0	0	0	.	
2	3	4	5	10	15	20	25	30	35	40	1	1	1	1	
4	5	6	7.5	15	22.5	30	37.5	45	52.5	1m 0	1	1	1	.	
5	7	8	10	20	0m 30	40	50	1m 0	1m 10	20	.	2	2	2	
0' 6	0' 8	0' 10	0m 12.5	0m 25	37.5	50	1m 2.5	15	27.5	40	0' 2	0' 2	0' 2	.	
7	10	12	15	30	45	1m 0	15	30	45	2m 0	2	.	3	3	
9	12	15	17.5	35	52.5	10	27.5	45	2m 2.5	20	3	3	3	.	
10	13	17	20	40	1m 0	20	40	2m 0	20	40	3	3	4	4	1°
11	15	19	22.5	0m 45	7.5	30	52.5	15	37.5	3m 0	3	4	4	.	
0' 12	0' 17	0' 21	0m 25	50	15	40	2m 5	30	55	20	0' 4	0' 4	0' 5	5	
14	18	23	27.5	55	22.5	50	17.5	45	3m 12.5	40	4	5	5	.	
15	20	25	30	1m 0	1m 30	2m 0	30	3m 0	30	4m 0	.	5	.	6	
16	22	27	32.5	5	37.5	10	42.5	15	47.5	20	5	5	6	.	
17	23	30	35	10	45	20	55	30	4m 5	40	5	6	6	7	
0' 19	0' 26	0' 31	0m 37.5	1m 15	52.5	30	3m 7.5	45	22.5	5m 0	0' 6	0' 6	0' 7	.	
20	27	33	40	20	2m 0	40	20	4m 0	40	20	6	7	7	8	2°
21	28	35	42.5	25	7.5	50	32.5	15	57.5	40	6	7	8	.	
22	30	37	45	30	15	3m 0	45	30	5m 15	6m 0	7	.	8	9	
24	32	40	47.5	35	22.5	10	57.5	45	32.5	20	7	8	9	.	
0' 25	0' 33	0' 42	0m 50	1m 40	2m 30	20	4m 10	5m 0	50	40	0' ..	0' 8	0' 9	10	
26	35	44	52.5	45	37.5	30	22.5	15	6m 7.5	7m 0	8	9	10	..	
27	37	46	55	50	45	40	35	30	25	20	8	9	10	11	
29	38	48	57.5	55	52.5	50	47.5	45	42.5	40	9	10	11	..	
30	40	50	1m 0	2m 0	3m 0	4m 0	5m 0	6m 0	7m 0	8m 0	9	10	11	12	3°
0' 31	0' 42	0' 52	2.5	5	7.5	10	12.5	15	17.5	20	0' 9	0' 10	0' 11	..	
32	43	54	5	10	15	20	25	30	35	40	10	11	12	13	
34	45	56	7.5	15	22.5	30	37.5	45	52.5	9m 0	10	11	12	..	
35	47	58	10	2m 20	3m 30	40	50	7m 0	8m 10	20	..	12	13	14	
36	48	1' 0	1m 12.5	25	37.5	50	6m 2.5	15	27.5	40	11	12	13	..	
0' 37	0' 50	2	15	30	45	5m 0	15	30	45	10m 0	0' 11	0' ..	0' 14	15	
39	52	5	17.5	2m 35	52.5	10	27.5	45	9m 2.5	20	12	13	14	..	
40	53	7	20	40	4m 0	20	40	8m 0	20	40	12	13	15	16	4°
41	55	9	22.5	45	7.5	30	52.5	15	37.5	11m 0	12	14	15	..	
42	57	11	1m 25	50	15	40	7m 5	30	55	20	13	14	16	17	
0' 44	58	1' 13	27.5	55	22.5	50	17.5	45	10m 12.5	40	0' 13	0' 15	0' 16	.	
45	1' 0	15	30	3m 0	4m 30	6m 0	30	9m 0	30	12m 0	..	15	..	18	
46	2	17	32.5	5	37.5	10	42.5	15	47.5	20	14	15	17	..	
47	3	19	35	10	45	20	55	30	11m 5	40	14	16	17	19	
49	5	21	1m 37.5	15	52.5	30	8m 7.5	45	22.5	13m 0	15	16	18	..	
0' 50	1' 7	1' 23	40	3m 20	5m 0	40	20	10m 0	40	20	0' 15	0' 17	0' 18	20	5°
51	8	25	42.5	25	7.5	50	32.5	15	57.5	40	15	17	19	..	
52	10	27	45	30	15	7m 0	45	30	12m 15	14m 0	16	..	19	21	
54	12	30	47.5	35	22.5	10	57.5	45	32.5	20	16	18	20	..	
55	13	32	1m 50	3m 40	5m 30	20	9m 10	11m 0	50	40	..	18	20	22	
56	1' 15	1' 34	52.5	45	37.5	30	22.5	15	13m 7.5	15m 0	0' 17	0' 19	0' 21	..	
57	17	36	55	50	45	40	35	30	25	20	17	19	21	23	
59	18	38	57.5	55	52.5	50	47.5	45	42.5	40	18	20	22	..	
1' 0	20	40	2m 0	4m 0	6m 0	8m 0	10m 0	12m 0	14m 0	16m 0	18	20	22	24	6°
1	22	42	2.5	5	7.5	10	12.5	15	17.5	20	18	20	22	..	
3	1' 23	1' 44	5	10	15	20	25	30	35	40	0' 19	0' 21	0' 23	25	
4	25	46	7.5	15	22.5	30	37.5	45	52.5	17m 0	19	21	23	..	
5	27	48	10	4m 20	6m 30	40	50	13m 0	15m 10	20	..	22	24	26	
6	28	50	2m 12.5	25	37.5	50	11m 2.5	15	27.5	40	20	22	24	..	
7	30	52	15	30	45	9m 0	15	30	45	18m 0	20	..	25	27	
1' 9	1' 32	1' 55	17.5	35	52.5	10	27.5	45	16m 2.5	20	0' 21	0' 23	0' 25	..	
10	33	57	20	4m 40	7m 0	20	40	14m 0	20	40	21	23	26	28	7°
11	35	59	2m 22.5	45	7.5	30	52.5	15	37.5	19m 0	21	24	26	..	
12	37	2' 1	25	50	15	40	12m 5	30	55	20	22	24	27	29	
14	38	3	27.5	55	22.5	50	17.5	45	17m 12.5	40	22	25	27	..	
60m	Diff. pour 1s.		1"/12	1"/6	1"/4	1"/3	5"/12	1"/2	7"/12	2"/3	Secondes de degré. = Dix. de secondes de temps.				
	Diff. diurne des pas.		2m	4m	6m						Dix. de sec. de temps.				

	h. m.	13'	14'	15'	16'	17'	18'	19'	20'	21'	22'	23'	2'	3'	4'	6'	7'	8'	9'	m. s.
0'	0 0	0' 0"	0' 0"	0' 0"	0' 0"	0' 0"	0' 0"	0' 0"	0' 0"	0' 0"	0' 0"	0' 0"	0'	0'	0'	0'	0'	0'	0'	0 0
7:	1	1	1	1	1	1	1	1	1	1	1	1	2	3	4	6	7	8	9	7:
15	2	1	1	1	1	1	.	2	2	2	2	2	4	6	8	12	14	16	18	15
22:	3	2	2	2	2	2	2	2	.	3	3	3	6	9	12	18	21	24	27	22:
30	4	2	2	2	3	3	3	3	3	.	4	4	8	12	16	24	28	32	36	30
37:	5	0' 3	0' 3	0' 3	0' 3	0' 4	0' 4	0' 4	0' 4	0' 4	0' 5	0' 5	10	15	20	30	35	40	45	37:
45	6	3	.	4	4	4	.	5	5	5		6	12	18	24	36	42	48	54	45
52:	7	4	4	4	5	5	5	6	6	6	6	7	14	21	28	42	49	56	1m 03	52:
0	8	4	5	5	5	6	6	6	7	7	7	8	16	24	32	48	56	1m 04	12	1 0
7:	9	5	5	6	6	6	7	7	.	8	8	9	18	27	36	54	1m 03	12	21	7:
15	10	0' 5	0' 6	0' 6	0' 7	0' 7	0' .	0' 8	0' 8	0' 9	0' 9	0' 10	20	30	40	1m 0	10	20	30	15
22:	11	6	6	7	7	8	8	9	9	10	10	11	22	33	44	6	17	28	39	22:
30	12	.	7	.	8	.	9	.	10	..	11	..	24	36	48	12	24	36	48	30
37:	13	7	8	8	9	9	10	10	11	11	12	12	26	39	52	18	31	44	57	37:
45	14	8	8	9	9	10	..	11	12	12	13	13	28	42	56	24	1m 38	52	2m 06	45
52:	15	0' 8	0' 9	0' 9	0' 10	0' 11	0' 11	0' 12	0' ..	0' 13	0' 14	0' 14	30	45	1m 0	1m 30	45	2m 0	15	52:
0	16	9	9	10	11	11	12	13	13	14	15	15	32	48	4	36	52	8	24	2 0
7:	17	9	10	11	11	12	13	13	14	15	16	16	34	51	8	42	59	16	33	7:
15	18	10	..	11	12	13	..	14	15	16	..	17	36	54	12	48	2m 06	24	42	15
22:	19	10	11	12	13	13	14	15	16	17	17	18	38	57	16	54	13	32	51	22:
30	20	0' 11	0' 12	0' ..	0' 13	0' 14	0' 15	0' 16	0' 17	0' ..	0' 18	0' 19	40	1m 0	1m 20	2m 0	20	40	3m 0	30
37:	21	11	12	13	14	15	16	17	..	18	19	20	42	3	24	6	27	48	9	37:
45	22	12	13	14	15	16	..	17	18	19	20	21	44	6	28	12	34	56	18	45
52:	23	12	13	14	15	16	17	18	19	20	21	22	46	9	32	18	41	3m 04	27	52:
0	24	13	14	15	16	17	18	19	20	21	22	23	48	12	36	24	48	12	36	3 0
7:	25	0' 14	0' 15	0' 16	0' 17	0' 18	0' 19	0' 20	0' 21	0' 22	0' 23	0' 24	50	1m 15	1m 40	2m 30	55	20	45	7:
15	26	14	15	16	17	18	..	21	22	23	24	25	52	21	44	36	3m 02	28	54	15
22:	27	15	16	17	18	19	20	21	..	24	25	26	54	18	48	42	9	36	4m 03	22:
30	28	15	16	..	19	20	21	22	23	..	26	27	56	24	52	48	16	44	12	30
37:	29	16	17	18	19	21	22	23	24	25	27	28	58	27	56	54	23	52	21	37:
45	30	0' 16	0' ..	0' 19	0' 20	0' 21	0' ..	0' 24	0' 25	0' 26	0' ..	0' 29	1m 0	1m 30	2m 0	3m 0	30	4m 0	30	45
52:	31	17	18	19	21	22	23	25	26	27	28	30	2	33	4	6	3m 37	8	39	52:
0	32	17	19	20	21	23	24	25	27	28	29	31	4	36	8	12	44	16	48	4 0
7:	33	18	19	21	22	23	25	26	..	29	30	32	6	39	12	18	51	24	57	7:
15	34	18	20	21	23	24	..	27	28	30	31	33	8	42	16	24	58	32	5m 06	15
22:	35	0' 19	0' 20	0' 22	0' 23	0' 25	0' 26	0' 28	0' 29	0' 31	0' 32	0' 34	1m 10	1m 45	2m 20	3m 30	4m 05	40	15	22:
30	36	..	21	..	24	..	27	..	30	..	33	..	12	48	24	36	12	48	24	30
37:	37	20	22	23	25	26	28	29	31	32	34	35	14	51	28	42	19	56	33	37:
45	38	21	22	24	25	27	..	30	32	33	35	36	16	54	32	48	26	5m 04	42	45
52:	39	21	23	24	26	28	29	31	..	34	36	37	18	57	36	54	33	12	51	52:
0	40	0' 22	0' 23	0' 25	0' 27	0' 28	0' 30	0' 32	0' 33	0' 35	0' 37	0' 38	1m 20	2m 0	2m 40	4m 0	40	20	6m 0	5 0
7:	41	22	24	26	27	29	31	32	34	36	38	39	22	3	44	6	47	28	9	7:
15	42	23	..	26	28	30	32	33	35	37	..	40	24	6	48	12	54	36	18	15
22:	43	23	25	27	29	30	32	34	36	38	39	41	26	9	52	18	5m 01	44	27	22:
30	44	24	26	..	30	31	33	35	37	..	40	42	28	12	56	24	08	52	36	30
37:	45	0' 24	0' 26	0' 28	0' 30	0' 32	0' 34	0' 36	0' ..	0' 39	0' 41	0' 43	1m 30	2m 15	3m 0	4m 30	15	6m 0	45	37:
45	46	25	27	29	31	33	..	36	38	40	42	44	32	18	4	36	22	8	54	45
52:	47	25	27	29	31	33	35	37	39	41	43	45	34	21	8	42	29	16	7m 03	52:
0	48	26	28	30	32	34	36	38	40	42	44	46	36	24	12	48	36	24	12	6 0
7:	49	27	29	31	33	35	37	39	41	43	45	47	38	27	16	54	43	32	21	7:
15	50	0' 27	0' 29	0' 31	0' 33	0' 35	0' ..	0' 40	0' 42	0' 44	0' 46	0' 48	1m 40	2m 30	3m 20	5m 0	50	40	30	15
22:	51	28	30	32	34	36	38	40	..	45	47	49	42	33	24	6	57	48	39	22:
30	52	28	30	..	35	37	39	41	43	..	48	50	44	36	28	12	6m 04	56	48	30
37:	53	29	31	33	35	38	40	42	44	46	49	51	46	39	32	18	11	7m 04	57	37:
45	54	29	..	34	36	38	..	43	45	47	..	52	48	42	36	24	18	12	8m 06	45
52:	55	0' 30	0' 32	0' 34	0' 37	0' 39	0' 41	0' 44	0' 46	0' 48	0' 50	0' 53	1m 50	2m 45	3m 40	5m 30	25	20	15	52:
0	56	30	33	35	37	40	42	44	47	49	51	54	52	48	44	36	32	28	24	7 0
7:	57	31	33	36	38	40	43	45	..	50	52	55	54	51	48	42	39	36	33	7:
15	58	31	34	36	39	41	..	46	48	51	53	56	56	54	52	48	46	44	42	15
22:	59	32	34	37	39	42	44	47	49	52	54	57	58	57	56	54	53	52	51	22:
	Secondes de T. en S. de degrés.											Différence diurne des passages.	40m	42m	44m	46m	48m	50m	Diff. pour 1s = 0".3	

30'	40'	50'	1'	2'	3'	4'	5'	6'	7'	8'	9'	10'	11'	h. m.	
1' 15"	1' 40"	2' 5"	2" 30	5" 0	7" 30"	10" 0	12" 30	15" 0	17" 30	20" 0	0' 22"	0' 25"	0' 27"	0' 30"	7°
16	42	7	32	5	37	10	42	15	47	20	23	25	28	..	
17	43	9	35	10	45	20	55	30	18" 5	40	23	26	28	31	
19	45	11	37	15	52	30	13" 7	45	22	21" 0	24	26	29	..	
20	47	13	40	20	8" 0	40	20	16" 0	40	20	24	27	29	32	8°
1' 21	1' 48	2' 15	42	25	7	50	32	15	57	40	0' 24	0' 27	0' 30	..	
22	50	17	2" 45	5" 30	15	11" 0	45	30	19" 15	22" 0	25	..	30	33	
24	52	20	47	35	22	10	57	45	32	20	25	28	31	..	
25	53	22	50	40	8" 30	20	14" 10	17" 0	50	40	..	28	31	34	
26	55	24	52	45	37	30	22	15	20" 7	23" 0	26	29	32	..	
1' 27	57	2' 26	55	50	45	40	35	30	25	20	0' 26	0' 29	0' 32	35	
29	58	28	57	55	52	50	47	45	42	40	27	30	33	..	
30	2' 0	30	3" 0	6" 0	9" 0	12" 0	15" 0	18" 0	21" 0	24" 0	27	30	33	36	9°
31	2	32	2	5	7	10	12	15	17	20	27	30	33	..	
32	3	34	5	10	15	20	25	30	35	40	28	31	34	37	
1' 34	5	2' 36	7	15	22	30	37	45	52	25" 0	0' 28	0' 31	0' 34	..	
35	7	38	10	20	9" 30	40	50	19" 0	22" 10	20	..	32	35	38	
36	8	40	3" 12	25	37	50	16" 2	15	27	40	29	32	35	..	
37	10	42	15	6" 30	45	13" 0	15	30	45	26" 0	29	..	36	39	
39	2' 12	45	17	35	52	10	27	45	23" 2	20	30	33	36	..	
1' 40	13	2' 47	20	40	10" 0	20	40	20" 0	20	40	0' 30	0' 33	0' 37	40	10°
41	15	49	22	45	7	30	52	15	37	27" 0	30	34	37	..	
42	17	51	3" 25	50	15	40	17" 5	30	55	20	31	34	38	41	
44	18	53	27	55	22	50	17	45	24" 12	40	31	35	38	..	
45	20	55	30	7" 0	10" 30	14" 0	30	21" 0	30	28" 0	..	35	..	42	
1' 46	2' 22	57	32	5	37	10	42	15	47	20	0' 32	0 35	0' 39	..	
47	23	59	35	10	45	20	55	30	25" 5	40	32	36	39	43	
49	25	3' 1	3" 37	15	52	30	18" 7	45	22	29" 0	33	36	40	..	
50	27	3	40	20	11" 0	40	20	22" 0	40	20	33	37	40	44	11°
51	28	5	42	25	7	50	32	15	57	40	33	37	41	..	
1' 52	2' 30	7	45	7" 30	15	15" 0	45	30	26" 15	30" 0	0' 34	0' ..	0' 41	45	
54	32	10	47	35	22	10	57	45	32	20	34	38	42	..	
55	33	12	3" 50	40	11" 30	20	19" 10	23" 0	50	40	..	38	42	46	
56	35	14	52	45	37	30	22	15	27" 7	31" 0	35	39	43	..	
57	37	16	55	50	45	40	35	30	25	20	35	39	43	47	
59	2' 38	3' 18	57	55	52	50	47	45	42	40	0' 36	0' 40	0' 44	..	
2' 0	40	20	4" 0	8" 0	12" 0	16" 0	20" 0	24" 0	28" 0	32" 0	36	40	44	48	12°
1	42	22	2	5	7	10	12	15	17	20	36	40	44	..	
2	43	24	5	10	15	20	25	30	35	40	37	41	45	49	
4	45	26	7	15	22	30	37	45	52	33" 0	37	41	45	..	
5	2' 47	3' 28	10	20	12" 30	40	50	25" 0	29" 10	20	0' ..	0' 42	0' 46	50	
6	48	30	12	25	37	50	21" 2	15	27	40	38	42	46	..	
2' 7	50	32	4" 15	8" 30	45	17" 0	15	30	45	34" 0	38	..	47	51	
9	52	35	17	35	52	10	27	45	30" 2	20	39	43	47	..	
10	53	37	20	40	13" 0	20	40	26" 0	20	40	39	43	48	52	13°
11	55	3' 39	22	45	7	30	52	15	37	35" 0	0' 39	0' 44	0' 48	..	
12	57	41	25	50	15	40	22" 5	30	55	20	40	44	49	53	
2' 14	58	43	4" 27	55	22	50	17	45	31" 12	40	40	45	49	..	
15	3' 0	45	30	9" 0	13" 30	18" 0	30	27" 0	30	36" 0	..	45	..	54	
16	2	47	32	5	37	10	42	15	47	20	41	45	50	..	
17	3	3' 49	35	10	45	20	55	30	32" 5	40	0' 41	0' 46	0' 50	55	
19	5	51	37	15	52	30	23" 7	45	22	37" 0	42	46	51	..	
2' 20	7	53	4" 40	20	14" 0	40	20	28" 0	40	20	42	47	51	56	14°
21	8	55	42	9" 25	7	50	32	15	57	40	42	47	52	..	
22	10	57	45	30	15	19" 0	45	30	33" 15	38" 0	43	..	52	57	
24	3' 12	4' 0	47	35	22	10	57	45	32	20	0' 43	0' 48	0' 53	..	
25	13	2	50	40	14" 30	20	24" 10	29" 0	50	40	..	48	53	58	
2' 26	15	4	4" 52	9" 45	37	30	22	15	34" 7	39" 0	44	49	54	..	
27	17	6	55	50	45	40	35	30	25	20	44	49	54	59	
29	18	8	57	55	52	50	47	45	42	40	45	50	55	..	
60m	Diff. pour 1'. / Diff. diurne des pas.		1"/12 — 1m	1"/6 — 4m	1"/4 — 6m	1"/3	5"/12	1"/2	7"/12	2"/3	Secondes et degrés. = Diz. de secondes de temps. / Diz. de sec. de temps.	[illegible]	[illegible]	[illegible]	

	h. m.	13'	14'	15'	16'	17'	18'	19'	20'	21'	22'	23'	24'	25'	26'	27'	28'	29'	h. m. s.
30'	1 0	0' 32"	0' 35"	0' 37"	0' 40"	0' 42"	0' 45"	0' 47"	0' 50"	0' 52"	0' 55"	0' 57"	1' 0"	1' 3"	1' 5"	1' 7"	1' 10"	1' 12"	0 7 30
37:	1	33	36	38	41	43	46	48	51	53	56	58	1	4	6	9	11	14	37
45	2	34	36	39	41	44	..	49	52	54	57	59	2	5	7	10	12	15	45
52:	3	34	37	39	42	45	47	50	..	55	58	0	3	6	8	11	13:	16	52
0	4	35	37	40	43	45	48	51	53	56	59	1' 1	4	7	9	12	15	17	8 0
7:	5	0' 35	0' 38	0' 41	0' 43	0' 46	0' 49	0' 51	0' 54	0' 57	1' 0	2	1' 5	1' 8	1' 10	1' 13	1' 16	1' 19	7
15	6	36	..	41	44	47	..	52	55	58	.	3	6	9	11:	14	17	20	15
22:	7	36	39	42	45	47	50	53	56	59	1	4	7	10	13	15	18	21	22
30	8	37	40	..	45	48	51	54	57	..	2	5	8	11	14	16:	19	22	30
37:	9	37	40	43	46	49	52	55	..	1' 0	3	6	9	12	15	18	20:	23	37
45	10	0' 38	0' 41	0' 44	0' 47	0' 50	0' ..	0' 55	58	1	1' 4	1' 7	1' 10	1' 13	1' 16	1' 19	1' 22	1' 25	45
52:	11	38	41	44	47	50	53	56	59	2	5	8	11	14	17	20	23	26	52
0	12	39	42	45	48	51	54	57	1' 0	3	6	9	12	15	18	21	24	27	9 0
7:	13	40	43	46	49	52	55	58	1	4	7	10	13	16	19	22	25	28	7
15	14	40	43	46	49	52	..	59	2	5	8	11	14	17	20	23	26	29	15
22:	15	0' 41	0' 44	0' 47	0' 50	0' 53	0' 56	59	..	1' 6	1' 9	1' 12	1' 15	1' 18	1' 21	1' 24	1' 27:	1' 31	22
30	16	41	44	..	51	54	57	1' 0	3	..	10	13	16	19	22	25:	29	32	30
37:	17	42	45	48	51	55	58	1	1' 4	7	11	14	17	20	23	27	30	33	37
45	18	42	..	49	52	55	..	2	5	8	..	15	18	21	24:	28	31	34	45
52:	19	43	46	49	53	56	59	3	6	9	12	16	19	22	26	29	32	35	52
0	20	0' 43	0' 47	0' 50	0' 53	0' 57	1' 0	1' 3	7	1' 10	1' 13	1' 17	1' 20	1' 23	1' 27	1' 30	1' 33	1' 37	10 0
7:	21	44	47	51	54	57	1	4	.	11	14	18	21	24	28	31	34:	38	7
15	22	44	48	51	55	58	..	5	1' 8	12	15	19	22	25	29	32	36	39	15
22:	23	45	48	52	55	59	2	6	9	13	16	20	23	26	30	33	37	40	22
30	24	..	49	..	56	..	3	.	10	..	17	..	24	27	31	34:	38	41:	30
37:	25	0' 46	0' 50	0' 53	0' 57	1' 0	1' 4	1' 7	11	1' 14	1' 18	1' 21	1' 25	1' 29	1' 32	1' 36	1' 39	1' 43	37
45	26	47	50	54	57	1	..	8	12	15	19	22	26	30	33	37	40	44	45
52:	27	47	51	54	58	2	5	9	1' ..	16	20	23	27	31	34	38	41:	45	52
0	28	48	51	55	59	2	6	10	13	17	21	24	28	32	35	39	43	46	11 0
7:	29	48	52	56	59	3	7	10	14	18	22	25	29	33	36	40	44	48	7
15	30	0' 49	0' ..	0' 56	1' 0	1' 4	1' ..	1' 11	15	1' 19	1' ..	1' 26	1' 30	1' 34	1' 37:	1' 41	1' 45	1' 49	15
22:	31	49	53	57	1	4	8	12	16	20	23	27	31	35	39	42	46	50	22
30	32	50	54	..	1	5	9	13	1' 17	..	24	28	32	36	40	43:	47	51	30
37:	33	50	54	58	2	6	10	14	..	21	25	29	33	37	41	45	48:	52	37
45	34	51	55	59	3	7	..	14	18	22	26	30	34	38	42	46	50	54	45
52:	35	0' 51	0' 55	59	1' 3	1' 7	1' 11	1' 15	19	1' 23	1' 27	1' 31	1' 35	1' 39	1' 43	1' 47	1' 51	1' 55	52
0	36	52	56	1' 0	4	8	12	16	20	24	28	32	36	40	44	48	52	56	12 0
7:	37	53	57	1	5	9	13	17	1' 21	25	29	33	37	41	45	49	53	57	7
15	38	53	57	1	5	9	..	18	22	26	30	34	38	42	46	50	54	58	15
22:	39	54	58	2	6	10	14	18	..	27	31	35	39	43	47	51	55:	2' 0	22
30	40	0' 54	58	..	1' 7	1' 11	1' 15	1' 19	23	1' ..	1' 32	1' 36	1' 40	1' 44	1' 48	1' 52:	57	1	30
37:	41	55	59	1' 3	7	12	16	20	24	28	33	37	41	45	49	54	58	2	37
45	42	55	..	4	8	12	..	21	1' 25	29	..	38	42	46	50:	55	59	3	45
52:	43	56	1' 0	4	9	13	17	22	26	30	34	39	43	47	52	56	2' 0	4	52
0	44	56	1	5	9	14	18	22	27	31	35	40	44	48	53	57	1	6	13 0
7:	45	0' 57	1	6	1' 10	1' 14	1' 19	1' 23	..	1' 32	1' 36	1' 41	1' 45	1' 49	1' 54	58	2	2' 7	7
15	46	57	2	1' 6	11	15	..	24	28	33	37	42	46	50	55	59	4	8	15
22:	47	58	3	7	11	16	20	25	1' 29	34	38	43	47	51	56	2' 0	5	9	22
30	48	..	1' 3	..	12	..	21	..	30	..	39	..	48	52	57	1	6	10:	30
37:	49	59	4	8	13	17	22	26	31	35	40	44	49	54	58	3	7	12	37
45	50	1' 0	4	9	1' 13	1' 18	1' ..	1' 27	32	1' 36	1' 41	1' 45	1' 50	1' 55	59	2' 4	2' 8	2' 13	45
52:	51	0	5	1' 9	14	19	23	28	..	37	42	46	51	56	2' 0	5	9:	14	52
0	52	1	5	10	15	19	24	29	1' 33	38	43	47	52	57	1	6	11	15	14 0
7:	53	1	1' 6	11	15	20	25	29	34	39	44	48	53	58	2	7	12	17	7
15	54	2	..	11	16	21	..	30	35	40	..	49	54	59	3:	8	13	18	15
22:	55	1' 2	7	12	1' 17	1' 21	1' 26	1' 31	36	1' 41	1' 45	1' 50	1' 55	2' 0	5	2' 9	2' 14	2' 19	22
30	56	3	8	1' ..	17	22	27	32	37	..	46	51	56	1	6	10:	15	20	30
37:	57	3	8	13	18	23	28	33	1' ..	42	47	52	57	2	7	12	16:	21	37
45	58	4	1' 9	14	19	24	..	33	38	43	48	53	58	3	8	13	18	23	45
52:	59	4	9	14	19	24	29	34	39	44	49	54	59	4	9	14	19	24	52
	[illegible]								40m	42m	44m	46m	48m	50m	52m	54m	56m	58m	Diff. pour 1' = 0",5

30'	40'	50'	1'	2'	3'	4'	5'	6'	7'	8'	9'	10'	11'	h. m.	
2' 30"	3' 20"	4' 10"	5" 0	10" 0	15" 0	20" 0	25" 0	30" 0	35" 0	40" 0	0' 45"	0' 50"	0' 55"	1' 0"	15°
31	22	12	2	5	7	10	12	15	17	20	45	50	55	.	
32	23	14	5	10	15	20	25	30	35	40	46	51	56	1	
34	25	16	7	15	22	30	37	45	52	41" 0	46	51	56	.	
35	27	18	10	20	15" 30	40	50	31" 0	36" 10	20	..	52	57	2	
2' 36	3' 28	4' 20	5" 12	10" 25	37	50	26" 2	15	27	40	0' 47	0' 52	0' 57	.	
37	30	22	15	30	45	21" 0	15	30	45	42" 0	47	..	58	3	
39	32	25	17	35	52	10	27	45	37" 2	20	48	53	58	.	
40	33	27	20	40	16" 0	20	40	32" 0	20	40	48	53	59	4	16°
41	35	29	22	45	7	30	52	15	37	43" 0	48	54	59	.	
2' 42	3' 37	4' 31	5" 25	50	15	40	27" 5	30	55	20	0' 49	0' 54	1' 0	5	
44	38	33	27	55	22	50	17	45	38" 12	40	49	55	0	.	
45	40	35	30	11" 0	16" 30	22" 0	30	33" 0	30	44" 0	..	55	.	6	
46	42	37	32	5	37	10	42	15	47	20	50	55	1	.	
47	43	39	35	10	45	20	55	30	39" 5	40	50	56	1	7	
2' 49	3' 45	4' 41	5' 37	15	52	30	28" 7	45	22	45" 0	0' 51	0' 56	1' 2	.	
50	47	43	40	20	17" 0	40	20	34" 0	40	20	51	57	2	8	17°
51	48	45	42	25	7	50	32	15	57	40	51	57	3	.	
52	50	47	45	11" 30	15	23" 0	45	30	40" 15	46" 0	52	..	3	9	
54	52	50	47	35	22	10	57	45	32	20	52	0' 58	4	.	
2' 55	3' 53	4' 52	5' 50	40	17" 30	20	29" 10	35" 0	50	40	0' ..	58	1' 4	10	
56	55	54	52	45	37	30	22	15	41" 7	47" 0	53	59	5	..	
57	57	56	55	50	45	40	35	30	25	20	53	59	5	11	
59	58	58	57	55	52	50	47	45	42	40	54	1' 0	6	..	
3' 0	4' 0	5' 0	6' 0	12" 0	18" 0	24" 0	30" 0	36" 0	42" 0	48" 0	54	0	6	12	18°
1	2	2	2	5	7	10	12	15	17	20	0' 54	0	1' 6	..	
2	3	4	5	10	15	20	25	30	35	40	55	1	7	13	
4	4' 5	6	7	15	22	30	37	45	52	49" 0	55	1	7	..	
5	7	8	10	20	18" 30	40	50	37" 0	43" 10	20	..	1' 2	8	14	
6	8	10	12	25	37	50	31" 2	15	27	40	56	2	8	..	
3' 7	4' 10	5' 12	6' 15	12" 30	45	25" 0	15	30	45	50" 0	0' 56	.	1' 9	15	
9	12	15	17	35	52	10	27	45	44" 2	20	57	3	9	..	
10	13	17	20	40	19" 0	20	40	38" 0	20	40	57	3	10	16	19°
11	15	19	22	45	7	30	52	15	37	51" 0	57	1' 4	10	..	
12	17	21	25	50	15	40	32" 5	30	55	20	58	4	11	17	
3' 14	4' 18	5' 23	6' 27	55	22	50	17	45	45" 12	40	0' 58	5	1' 11	..	
15	20	25	30	13" 0	19" 30	26" 0	30	39" 0	30	52" 0	..	5	..	18	
16	22	27	32	5	37	10	42	15	47	20	59	5	12	..	
17	23	29	35	10	45	20	55	30	46" 5	40	59	1' 6	12	19	
19	25	31	37	15	52	30	33" 7	45	22	53" 0	1' 0	6	13	..	
3' 20	4' 27	5' 33	6' 40	20	20" 0	40	20	40" 0	40	20	0	7	1' 13	20	20°
21	28	35	42	25	7	50	32	15	57	40	0	7	14	..	
22	30	37	45	13" 30	15	27" 0	45	30	47" 15	54" 0	1	.	14	21	
24	32	40	47	35	22	10	57	45	32	20	1	1' 8	15	..	
25	33	42	6' 50	40	20" 30	20	34" 10	41" 0	50	40	1' .	8	15	22	
3' 26	4' 35	5' 44	52	45	37	30	22	15	48" 7	55" 0	2	9	1' 16	..	
27	37	46	55	50	45	40	35	30	25	20	2	9	16	23	
29	38	48	57	55	52	50	47	45	42	40	3	10	17	..	
30	40	50	7" 0	14" 0	21" 0	28" 0	35" 0	42" 0	49" 0	56" 0	3	1' 10	17	24	21°
31	42	52	2	5	7	10	12	15	17	20	1' 3	10	17	..	
3' 32	4' 43	54	5	10	15	20	25	30	35	40	4	11	1' 18	25	
34	45	56	7	15	22	30	37	45	52	57" 0	4	11	18	..	
35	47	58	10	20	21" 30	40	50	43" 0	50" 10	20	.	12	19	26	
36	48	6' 0	7" 12	25	37	50	36" 2	15	27	40	5	1' 12	19	..	
37	50	2	15	14" 30	45	29" 0	15	30	45	58" 0	1' 5	..	20	27	
3' 39	4' 52	5	17	35	52	10	27	45	51" 2	20	6	13	1' 20	..	
40	53	7	7" 20	40	22" 0	20	40	44" 0	20	40	6	13	21	28	22°
41	55	9	22	45	7	30	52	15	37	59" 0	6	1' 14	21	..	
42	57	11	25	50	15	40	37" 5	30	55	20	7	14	22	29	
44	58	13	27	55	22	50	17	45	52" 12	40	7	15	22	..	
Diff. pour 1°.			1"/12	1"/6	1"/4	1"/3	4"/10	1"/2	6"/10	2"/3	Secondes de degrés. = Dix. de secondes de temps.	[illegible]			
Diff. diurne des passages.			2m	4m	6m						Dix. de sec. de temps.	[illegible]			

	h. m.	13'	14'	15'	16'	17'	18'	19'	20'	21'	22'	23'	24'	25'	26'	27'	28'	29'	h. m.
0'	2 0	1' 5"	1' 10"	1' 15"	1' 20"	1' 25"	1' 30"	1' 35"	1' 40"	1' 45"	1' 50"	1' 55"	2' 0"	2' 5"	2' 10"	2' 15"	2' 20"	2' 25"	0 15
7:	1	6	11	16	21	26	31	36	41	46	51	56	1	6	11	16	21	26	
15	2	6	11	16	21	26	..	37	42	47	52	57	2	7	12	17	22	27:	
22:	3	7	12	17	22	27	32	37	..	48	53	58	3	8	13	18	23:	29	
30	4	7	12	17	23	28	33	38	43	..	54	59	4	9	14	19:	25	30	
37:	5	1' 8	1' 13	1' 18	1' 23	1' 29	1' 34	1' 39	1' 44	1' 49	55	2' 0	2' 5	2' 10	2' 15	2' 21	2' 26	2' 31	
45	6	8	..	19	24	29	..	40	45	50	1' ..	1	6	11	16:	22	27	32	
52:	7	9	14	19	25	30	35	41	46	51	56	2	7	12	18	23	28	33	
0	8	9	15	20	25	31	36	41	47	52	57	3	8	13	19	24	29	35	16
7:	9	10	15	21	26	31	37	42	..	53	58	4	9	14	20	25	30:	36	
15	10	1' 10	1' 16	1' 21	1' 27	1' 32	1' ..	1' 43	1' 48	54	59	2' 5	2' 10	2' 15	2' 21	2' 26	2' 32	2' 37	
22:	11	11	16	22	27	33	38	44	49	55	2' 0	6	11	16	22	27	33	38	
30	12	..	17	..	28	..	39	..	50	1' ..	1	.	12	17	23	28:	34	39:	
37:	13	12	18	23	29	34	40	45	51	56	2	7	13	19	24	30	35	41	
45	14	13	18	24	29	35	..	46	52	57	3	8	14	20	25	31	36	42	
52:	15	1' 13	1' 19	1' 24	1' 30	1' 36	1' 41	1' 47	1' ..	58	4	2' 9	2' 15	2' 21	2' 26	2' 32	2' 37:	2' 43	
0	16	14	19	25	31	36	42	48	53	59	2' 5	10	16	22	27	33	39	44	17
7:	17	14	20	26	31	37	43	..	54	2' 0	6	11	17	23	28	34	40	46	
15	18	15	..	26	32	38	..	49	55	1	.	12	18	24	29:	35	41	47	
22:	19	15	21	27	33	38	44	50	56	2	7	13	19	25	31	36	42	48	
30	20	1' 16	1' 22	1' ..	1' 33	1' 39	1' 45	1' 51	1' 57	.	8	2' 14	2' 20	2' 26	2' 32	2' 37:	2' 43	2' 49	
37:	21	16	22	28	34	40	46	52	..	3	2' 9	15	21	27	33	39	44:	50	
45	22	17	23	29	35	41	..	..	58	2' 4	10	16	22	28	34	40	46	52	
52:	23	17	23	29	35	41	47	53	59	5	11	17	23	29	35	41	47	53	
0	24	18	24	30	36	42	48	54	2' 0	6	12	18	24	30	36	42	48	54	18
7:	25	1' 19	1' 25	1' 31	1' 37	1' 43	1' 49	1' 55	1	7	13	2' 19	2' 25	2' 31	2' 37	2' 43	2' 49	2' 55	
15	26	19	25	31	37	43	..	56	2	8	2' 14	20	26	32	38	44	50	56	
22:	27	20	26	32	38	44	50	..	.	2' 9	15	21	27	33	39	45	51:	58	
30	28	20	26	..	39	45	51	57	3	.	16	22	28	34	40	46:	53	59	
37:	29	21	27	33	39	46	52	58	2' 4	10	17	23	29	35	41	48	54	3' 0	
45	30	1' 21	1' ..	1' 34	1' 40	1' 46	1' ..	59	5	11	..	2' 24	2' 30	2' 36	2' 42:	2' 49	2' 55	1	
52:	31	22	28	34	41	47	53	2' 0	6	12	2' 18	25	31	37	44	50	56	2	
0	32	22	29	35	41	48	54	0	7	2' 13	19	26	32	38	45	51	57	4	[illegible]
7:	33	23	29	36	42	48	55	1	.	14	20	27	33	39	46	52	58:	5	
15	34	23	30	36	43	49	..	2	2' 8	15	21	28	34	40	47	53	3' 0	6	
22:	35	1' 24	1' 30	1' 37	1' 43	1' 50	1' 56	2' 3	9	16	22	2' 29	2' 35	2' 41	2' 48	2' 54	1	3' 7	
30	36	..	31	..	44	..	57	.	10	..	2' 23	..	36	42	49	55:	2	8:	
37:	37	25	32	38	45	51	58	4	11	2' 17	24	30	37	44	50	57	3	10	
45	38	26	32	39	45	52	..	5	12	18	25	31	38	45	51	58	4	11	
52:	39	26	33	39	46	53	59	6	2' ..	19	26	32	39	46	52	59	5:	12	
0	40	1' 27	1' 33	1' 40	1' 47	1' 53	2' 0	2' 7	13	20	27	2' 33	2' 40	2' 47	2' 53	3' 0	3' 7	3' 13	20
7:	41	27	34	41	47	54	1	7	14	21	2' 28	34	41	48	54	1	8	15	
15	42	28	..	41	48	55	.	8	15	2' 22	..	35	42	49	55:	2	9	16	
22:	43	28	35	42	49	55	2	9	16	23	29	36	43	50	57	3	10	17	
30	44	29	36	..	49	56	3	10	2' 17	..	30	37	44	51	58	4:	11	18	
37:	45	1' 29	1' 36	1' 43	1' 50	1' 57	2' 4	2' 11	..	24	31	2' 38	2' 45	2' 52	59	3' 6	3' 12	3' 19	
45	46	30	37	44	51	58	.	11	18	25	2' 32	39	46	53	3' 0	7	14	21	
52:	47	30	37	44	51	58	5	12	19	2' 26	33	40	47	54	1	8	15	22	
0	48	31	38	45	52	59	6	13	20	27	34	41	48	55	2	9	16	23	21
7:	49	32	39	46	53	2' 0	7	14	2' 21	28	35	42	49	56	3	10	17	24	
15	50	1' 32	1' 39	1' 46	1' 53	0	2' .	2' 15	22	29	36	2' 43	2' 50	57	3' 4	3' 11	3' 18	3' 25	
22:	51	33	40	47	54	1	8	15	..	30	2' 37	44	51	58	5	12	19:	27	
30	52	33	40	..	55	2	9	16	23	2' ..	38	45	52	59	6	13:	21	28	
37:	53	34	41	48	56	2' 3	10	17	24	31	39	46	53	3' 0	7	15	22	29	
45	54	34	..	49	56	3	..	18	2' 25	32	..	47	54	1	8:	16	23	30	
52:	55	1' 35	1' 42	1' 49	1' 57	4	2' 11	2' 19	26	33	40	2' 48	2' 55	2	3' 10	3' 17	3' 24	3' 31	
0	56	35	43	50	57	5	12	19	27	34	2' 41	49	56	3	11	18	25	33	22
7:	57	36	43	51	58	2' 5	13	20	..	2' 35	42	50	57	4	12	19	26:	34	
15	58	36	44	51	59	6	..	21	28	36	43	51	58	5	13	20	28	35	
22:	59	37	44	52	59	7	14	22	29	37	44	52	59	6	14	21	29	36	
	[illegible]									40m	42m	44m	46m	48m	50m	52m	54m	56m	58m

Diff. 5' =

30'	40'	50'	1'	2'	3'	4'	5'	6'	7'	8'	9'	10'	11'	h. m.	
45"	5' 0"	6' 15"	7" 30	15" 0	22" 30	30" 0	37" 30	45" 0	52" 30	1' 0" 0	1' 7	1' 15"	1' 22"	1' 30"	22°
46	2	17	32	5	37	10	42	15	45	20	8	15	23	..	
47	3	19	35	10	45	20	55	30	53" 5	40	8	16	23	31	
49	5	21	37	15	52	30	38" 7	45	22	1' 1" 0	9	16	24	..	
50	7	23	40	20	23" 0	40	20	46" 0	40	20	9	17	24	32	23°
51	5' 8	6' 25	7" 42	25	7	50	32	15	57	40	1' 9	1' 17	1' 25	..	
52	10	27	45	15" 30	15	31" 0	45	30	54" 15	1' 2" 0	10	..	25	33	
54	12	30	47	35	22	10	57	45	32	20	10	18	26	..	
55	13	32	50	40	23" 30	20	39" 10	47" 0	50	40	..	18	26	34	
56	15	34	52	45	37	30	22	15	55" 7	1' 3" 0	11	19	27	..	
57	5' 17	6' 36	55	50	45	40	35	30	25	20	1' 11	1' 19	1' 27	35	
59	18	38	57	55	52	50	47	45	42	40	12	20	28	..	
0	20	40	8" 0	16" 0	24" 0	32" 0	40" 0	48" 0	56" 0	1' 4" 0	12	20	28	36	24°
1	22	42	2	5	7	10	12	15	17	20	12	20	28	..	
2	23	44	5	10	15	20	25	30	35	40	13	21	29	37	
4	5' 25	6' 46	7	15	22	30	37	45	52	1' 5" 0	1' 13	1' 21	1' 29	..	
5	27	48	10	20	24" 30	40	50	49" 0	57" 10	20	..	22	30	38	
6	28	50	8" 12	25	37	50	41" 2	15	27	40	14	22	30	..	
7	30	52	15	16" 30	45	33" 0	15	30	45	1' 6" 0	14	..	31	39	
9	32	55	17	35	52	10	27	45	58" 2	20	15	23	31	..	
10	5' 33	57	20	40	25" 0	20	40	50" 0	20	40	1' 15	1' 23	1' 32	40	25°
11	35	59	22	45	7	30	52	15	37	1' 7" 0	15	24	32	..	
12	37	7' 1	8" 25	50	15	40	42" 5	30	55	20	16	24	33	41	
14	38	3	27	55	22	50	17	45	59" 12	40	16	25	33	..	
15	40	5	30	17" 0	25" 30	34" 0	30	51" 0	30	1' 8" 0	..	25	..	42	
16	5' 42	7' 7	32	5	37	10	42	15	47	20	1' 17	1' 25	1' 34	..	
17	43	9	35	10	45	20	55	30	1' 0" 5	40	17	26	34	43	
19	45	11	8" 37	15	52	30	43" 7	45	22	1' 9" 0	18	26	35	..	
20	47	13	40	20	26" 0	40	20	52" 0	40	20	18	27	35	44	26°
21	48	15	42	25	7	50	32	15	57	40	18	27	36	..	
22	5' 50	7' 17	45	18" 30	15	35" 0	45	30	1' 1" 15	1' 10" 0	1' 19	1' ..	1' 36	45	
24	52	20	47	35	22	10	57	45	32	20	19	28	37	..	
25	53	22	8" 50	40	26" 30	20	44" 10	53" 0	50	40	..	28	37	46	
26	55	24	52	45	37	30	22	15	1' 2" 7	1' 11" 0	20	29	38	..	
27	57	26	55	50	45	40	35	30	25	20	20	29	38	47	
29	58	7' 28	57	55	52	50	47	45	42	40	1' 21	1' 30	1' 39	..	
30	6' 0	30	9" 0	18" 0	27" 0	36" 0	45" 0	54" 0	1' 3" 0	1' 12" 0	21	30	39	48	27°
31	2	32	2	5	7	10	12	15	17	20	21	30	39	..	
32	3	34	5	10	15	20	25	30	35	40	22	31	40	49	
34	5	36	7	15	22	30	37	45	52	1' 13" 0	22	31	40	..	
35	6' 7	7' 38	10	20	27" 30	40	50	55" 0	1' 4" 10	20	1' ..	1' 32	1' 41	50	
36	8	40	9" 12	25	37	50	46" 2	15	27	40	23	32	41	..	
37	10	42	15	18" 30	45	37" 0	15	30	45	1' 14" 0	23	..	42	51	
39	12	45	17	35	52	10	27	45	1' 5" 2	20	24	33	42	..	
40	13	47	20	40	28" 0	20	40	56" 0	20	40	24	33	43	52	28°
41	6' 15	7' 49	22	45	7	30	52	15	37	1' 15" 0	1' 24	1' 34	1' 43	..	
42	17	51	9" 25	50	15	40	47" 5	30	55	20	25	34	44	53	
44	18	53	27	55	22	50	17	45	1' 6" 12	40	25	35	44	..	
45	20	55	30	19" 0	28" 30	38" 0	30	57" 0	30	1' 16" 0	..	35	..	54	
46	22	57	32	5	37	10	42	15	47	20	26	35	45	..	
47	6' 23	59	35	10	45	20	55	30	1' 7" 5	40	1' 26	1' 36	1' 45	55	
49	25	8' 1	9" 37	15	52	30	48" 7	45	22	1' 17" 0	27	36	46	..	
50	27	3	40	20	29" 0	40	20	58" 0	40	20	27	37	46	56	29°
51	28	5	42	19" 25	7	50	32	15	57	40	27	37	47	..	
52	30	7	45	30	15	39" 0	45	30	1' 8" 15	1' 18" 0	28	..	47	57	
54	6' 32	10	47	35	22	10	57	45	32	20	1' 28	1' 38	1' 48	..	
55	33	12	9" 50	19" 40	30" 30	20	49" 10	59" 0	50	40	..	38	48	58	
56	35	14	52	45	37	30	22	15	1' 9" 7	1' 19" 0	29	39	49	..	
57	37	16	55	50	45	40	35	30	25	20	29	39	49	59	
59	38	18	57	55	52	50	47	45	42	40	30	40	50	..	
56°	Diff. pour 1°. / Diff. diurne des pas.	1"/12 / 2"	1"/6 / 4"	1"/4 / 6"	1"/3	4"/10	4"/9	6"/10	2"/3	Secondes et degrés. = Diz. de secondes de temps. / Diz. de sec. de temps.	[illegible]				

	h. m.	13'	14'	15'	16'	17'	18'	19'	20'	21'	22'	23'	24'	25'	26'	27'	28'	29'	h. m. s.
30'	3 0	1' 37"	1' 45"	1' 52"	2' 0"	2' 7"	2' 15"	2' 22"	2' 30"	2' 37"	2' 45"	2' 52"	3' 0"	3' 8	3' 15	3' 22:	3' 30	3' 37:	0 22 30
37:	1	38	46	53	1	8	16	23	31	38	46	53	1	9	16	24	31	39	37
45	2	39	46	54	1	9	.	24	32	39	47	54	2	10	17	25	32	40	45
52:	3	39	47	54	2	10	17	25	..	40	48	55	3	11	18	26	33:	41	52
0	4	40	47	55	3	10	18	26	33	41	49	2' 56	4	12	19	27	35	42	23 0
7:	5	1' 40	1' 48	1' 56	2' 3	2' 11	2' 19	2' 26	2' 34	2' 42	2' 50	57	3' 5	3' 13	3' 20	3' 28	3' 36	3' 44	7
15	6	41	..	56	4	12	..	27	35	43	..	58	6	14	22	29	37	45	15
22:	7	41	49	57	5	12	20	28	36	44	51	59	7	15	23	30	38	46	22
30	8	42	50	..	5	13	21	29	37	..	52	3' 0	8	16	24	31:	39	47	30
37:	9	42	50	58	6	14	22	30	..	45	53	1	9	17	25	33	40:	48	37
45	10	1' 43	1' 51	59	2' 7	2' 15	2' ..	2' 30	2' 38	46	54	2	3' 10	3' 18	3' 26	3' 34	3' 42	3' 50	45
52:	11	43	51	59	7	15	23	31	39	2' 47	2' 55	3	11	19	27	35	43	51	52
0	12	44	52	2' 0	8	16	24	32	40	48	56	3' 4	12	20	28	36	44	52	24 0
7:	13	45	53	1	9	17	25	33	41	49	57	5	13	21	29	37	45	53	7
15	14	45	53	1	9	17	..	34	42	50	58	6	14	22	30	38	46	54	15
22:	15	1' 46	1' 54	2	2' 10	2' 18	2' 26	2' 34	2' ..	51	59	7	3' 15	3' 23	3' 31	3' 39	3' 47:	3' 56	22
30	16	46	54	..	11	19	27	35	43	2' ..	3' 0	8	16	24	32	40:	49	57	30
37:	17	47	55	2' 3	11	20	28	36	44	52	1	3' 9	17	25	33	41	50	58	37
45	18	47	..	4	12	20	..	37	45	53	.	10	18	26	34:	43	51	59	45
52:	19	48	56	4	13	21	29	38	46	54	2	11	19	27	36	44	52	4' 0	52
0	20	1' 48	1' 57	5	2' 13	2' 22	2' 30	2' 38	47	55	3	12	3' 20	3' 28	3' 37	3' 45	3' 53	2	25 0
7:	21	49	57	6	14	22	31	39	2' ..	2' 56	3' 4	13	21	29	38	46	54:	3	7
15	22	49	58	2' 6	15	23	..	40	48	57	5	3' 14	22	30	39	47	56	4	15
22:	23	50	58	7	15	24	32	41	49	58	6	15	23	31	40	48	57	5	22
30	24	..	59	.	16	..	33	..	50	..	7	16	24	32	41	49:	58	6:	30
37:	25	1' 51	2' 0	8	2' 17	2' 25	2' 34	2' 42	51	59	8	16	3' 25	3' 34	3' 42	3' 51	59	4' 8	37
45	26	52	0	9	17	26	..	43	2' 52	3' 0	3' 9	17	26	35	43	52	4' 0	9	45
52:	27	52	1	2' 9	18	27	35	44	..	1	10	3' 18	27	36	44	53	1:	10	52
0	28	53	1	10	19	27	36	45	53	2	11	19	28	37	45	54	3	11	26 0
7:	29	53	2	11	19	28	37	45	54	3	12	20	29	38	46	55	4	13	7
15	30	1' 54	2' ..	11	2' 20	2' 29	2' ..	2' 46	55	4	..	21	3' 30	3' 39	3' 47:	56	4' 5	4' 14	15
22:	31	54	3	12	21	29	38	47	2' 56	3' 5	3' 13	22	31	40	49	57	6	15	22
30	32	55	4	2' ..	21	30	39	48	57	.	14	3' 23	32	41	50	58:	7	16	30
37:	33	55	4	13	22	31	40	49	..	6	15	24	33	42	51	4' 0	8:	17	37
45	34	56	4	14	23	32	..	49	58	7	16	25	34	43	52	1	10	19	45
52:	35	1' 56	2' 5	14	2' 23	2' 32	2' 41	2' 50	59	8	17	26	3' 35	3' 44	3' 53	4' 2	4' 11	4' 20	52
0	36	57	6	15	24	33	42	51	3' 0	3' 9	3' 18	27	36	45	54	3	12	21	27 0
7:	37	58	7	2' 16	25	34	43	52	1	10	19	3' 28	37	46	55	4	13	22	7
15	38	58	7	16	25	34	..	53	2	11	20	29	38	47	56	5	14	23	15
22:	39	59	8	17	26	35	44	53	.	12	21	30	39	48	57	6	15:	25	22
30	40	59	2' 8	..	2' 27	2' 36	2' 45	2' 54	3	..	22	31	3' 40	3' 49	58	4' 7:	4' 17	4' 26	30
37:	41	2' 0	9	18	27	37	46	55	3' 4	3' 13	3' 23	32	41	50	59	9	18	27	37
45	42	0	.	2' 19	28	37	..	56	5	14	..	3' 33	42	51	4' 0:	10	19	28	45
52:	43	1	10	19	29	38	47	57	6	15	24	34	43	52	2	11	20	29	52
0	44	1	11	20	29	39	48	57	7	16	25	35	44	53	3	12	21	31	28 0
7:	45	2	2' 11	21	2' 30	2' 39	2' 49	58	.	17	26	36	3' 45	3' 54	4	4' 13	4' 22:	4' 32	7
15	46	2' 2	12	21	31	40	..	59	3' 8	3' 18	3' 27	37	46	55	5	14	24	33	15
22:	47	3	12	2' 22	31	41	50	3' 0	9	19	28	3' 38	47	56	6	15	25	34	22
30	48	.	13	.	32	..	51	.	10	..	29	..	48	57	7	16:	26	36:	30
37:	49	4	14	23	33	42	52	1	11	20	30	39	49	59	8	18	27	37	37
45	50	5	2' 14	24	2' 33	2' 43	2' ..	2	12	21	31	40	3' 50	4' 0	4' 9	4' 19	4' 28	4' 38	45
52:	51	2' 5	15	24	34	44	53	3	3' ..	3' 22	3' 32	41	51	1	10	20	29:	39	52
0	52	6	15	2' 25	35	44	54	3' 4	13	23	33	3' 42	52	2	11	21	31	40	29 0
7:	53	6	16	26	35	45	55	4	14	24	34	43	53	3	12	22	32	42	7
15	54	7	..	26	36	46	..	5	15	25	..	44	54	4	13:	23	33	43	15
22:	55	7	2' 17	27	2' 37	2' 46	2' 56	6	16	26	35	45	3' 55	4' 5	4' 15	4' 24	4' 34	4' 44	22
30	56	2' 8	18	..	37	47	57	3' 7	3' 17	3' ..	3' 36	46	56	6	16	25:	35	45	30
37:	57	8	18	2' 28	38	48	58	8	..	27	37	3' 47	57	7	17	27	36:	46	37
45	58	9	19	29	39	49	.	8	18	28	38	48	58	8	18	28	38	48	45
52:	59	9	19	29	39	49	59	9	19	29	39	49	59	9	19	29	39	49	52
	[illegible]								40"	42"	44"	46"	48"	50"	52"	54"	56"	58"	Diff. pour 1° = 0".2

30'	40'	50"	1'	2'	3'	4'	5'	6'	7'	8'	9'	10'	11'	h. m.	
5' 0"	6' 40"	8' 20"	10" 0	20" 0	30" 0	40" 0	50" 0	1' 0" 0	1' 10" 0	1' 20" 0	1' 30"	1' 40"	1' 50"	2' 0"	30°
1	42	22	2	5	7	10	12	15	17	20	30	40	50	.	
2	43	24	5	10	15	20	25	30	35	40	31	41	51	1	
4	45	26	7	15	22	30	37	45	52	1' 21" 0	31	41	51	.	
5	47	28	10	20	30" 30	40	50	1' 1" 0	1' 11" 10	20	..	42	52	2	
5' 6	6' 48	8' 30	10" 12	25	37	50	51" 2	15	27	40	1' 32	1' 42	1' 52	.	
7	50	32	15	20" 30	45	41" 0	15	30	45	1' 22" 0	32	..	53	3	
9	52	35	17	35	52	10	27	45	1' 12" 2	20	33	43	53	.	
10	53	37	20	40	31" 0	20	40	1' 2" 0	20	40	33	43	54	4	31°
11	55	39	22	45	7	30	52	15	37	1' 23" 0	33	44	54	.	
5' 12	57	8' 41	10" 25	50	15	40	52" 5	30	55	20	1' 34	1' 44	1' 55	5	
14	58	43	27	55	22	50	17	45	1' 13" 12	40	34	45	55	.	
15	7' 0	45	30	21" 0	31" 30	42" 0	30	1' 3" 0	30	1' 24" 0	..	45	..	6	
16	2	47	32	5	37	10	42	15	47	20	35	45	56	.	
17	3	49	35	10	45	20	55	30	1' 14" 5	40	35	46	56	7	
5' 19	5	8' 51	10" 37	15	52	30	53" 7	45	22	1' 25" 0	1' 36	1' 46	1' 57	.	
20	7	53	40	20	32" 0	40	20	1' 4" 0	40	20	36	47	57	8	32°
21	8	55	42	21" 25	7	50	32	15	57	40	36	47	58	.	
22	10	57	45	30	15	43" 0	45	30	1' 15" 15	1' 26" 0	37	..	58	9	
24	12	9' 0	10" 47	35	22	10	57	45	32	20	37	48	59	.	
5' 25	7' 13	2	50	40	32" 30	20	54" 10	1' 5" 0	50	40	1' ..	1' 48	59	10	
26	15	4	52	45	37	30	22	15	1' 16" 7	1' 27" 0	38	49	2' 0	..	
27	17	6	55	50	45	40	35	30	25	20	38	49	0	11	
29	18	8	57	55	52	50	47	45	42	40	39	50	1	..	
30	20	10	11" 0	22" 0	33" 0	44" 0	55" 0	1' 6" 0	1' 17" 0	1' 28" 0	39	50	1	12	33°
5' 31	7' 22	9' 12	2	5	7	10	12	15	17	20	1' 39	1' 50	2' 1	..	
32	23	14	5	10	15	20	25	30	35	40	40	51	2	13	
34	25	16	7	15	22	30	37	45	52	1' 29" 0	40	51	2	..	
35	27	18	11" 10	20	33" 30	40	50	1' 7" 0	1' 18" 10	20	..	52	3	14	
36	28	20	12	25	37	50	56" 2	15	27	40	41	52	3	..	
5' 37	7' 30	9' 22	15	22" 30	45	45" 0	15	30	45	1' 30" 0	1' 41	1' ..	2' 4	15	
39	32	25	17	35	52	10	27	45	1' 19" 2	20	42	53	4	..	
40	33	27	11" 20	40	34" 0	20	40	1' 8" 0	20	40	42	53	5	16	34°
41	35	29	22	45	7	30	52	15	37	1' 31" 0	42	54	5	..	
42	37	31	25	50	15	40	57" 5	30	55	20	43	54	6	17	
5' 44	7' 38	9' 33	27	55	22	50	17	45	1' 20" 12	40	1' 43	1' 55	2' 6	..	
45	40	35	30	23" 0	34" 30	46" 0	30	1' 9" 0	30	1' 32" 0	..	55	.	18	
46	42	37	11" 32	5	37	10	42	15	47	20	44	55	7	..	
47	43	39	35	10	45	20	55	30	1' 21" 5	40	44	56	7	19	
49	45	41	37	15	52	30	58" 7	45	22	1' 33" 0	45	56	8	..	
5' 50	7' 47	9' 43	40	20	35" 0	40	20	1' 10" 0	40	20	1' 45	1' 57	2' 8	20	35°
51	48	45	42	25	7	50	32	15	57	40	45	57	9	..	
52	50	47	11" 45	23" 30	15	47" 0	45	30	1' 22" 15	1' 34" 0	46	..	9	21	
54	52	50	47	35	22	10	57	45	32	20	46	58	10	..	
55	53	52	50	40	35" 30	20	59" 10	1' 11" 0	50	40	..	58	10	22	
56	55	9' 54	52	45	37	30	22	15	1' 23" 7	1' 35" 0	1' 47	59	2' 11	..	
57	57	56	55	50	45	40	35	30	25	20	47	59	11	23	
59	58	58	57	55	52	50	47	45	42	40	48	2' 0	12	..	
6' 0	8' 0	10' 0	12" 0	24" 0	36" 0	48" 0	1' 0" 0	1' 12" 0	1' 24" 0	1' 36" 0	48	0	12	24	36°
1	2	2	2	5	7	10	12	15	17	20	48	0	12	..	
2	3	4	5	10	15	20	25	30	35	40	1' 49	1	2' 13	25	
4	5	6	7	15	22	30	37	45	52	1' 37" 0	49	1	13	..	
5	7	8	12" 10	20	36" 30	40	50	1' 13" 0	1' 25" 10	20	..	2	14	26	
6	8	10	12	25	37	50	1' 1" 2	15	27	40	50	2	14	..	
7	10	12	15	24" 30	45	49" 0	15	30	45	1' 38" 0	50	2' .	15	27	
6' 9	8' 12	10' 15	17	35	52	10	27	45	1' 26" 2	20	1' 51	3	2' 15	..	
10	13	17	20	40	37" 0	20	40	1' 14" 0	20	40	51	3	16	28	37°
11	15	19	12" 22	45	7	30	52	15	37	1' 39" 0	51	4	16	..	
12	17	21	25	50	15	40	1' 2" 5	30	55	20	52	4	17	29	
14	18	23	27	55	22	50	17	45	1' 27" 12	40	52	5	17	..	
60^m	Diff. pour 1^s.		1"/12	1"/6	1"/4	1"/3	4"/10	1"/2	6"/10	2"/3	Secondes et degrés = Dix. de secondes de temps. [illegible]				
	Diff. diurne des pos.		2^m	4^m	6^m						Dix. de sec. de temps. [illegible]				

	h. m.	13'	14'	15'	16'	17'	18'	19'	20'	21'	22'	23'	24'	25'	26'	27'	28'	29'	h. m. s.
0'	4 0	2' 10"	2' 20"	2' 30"	2' 40"	2' 50"	3' 0"	3' 10"	3' 20"	3' 30"	3' 40"	3' 50"	4' 0"	4' 10"	4' 20	4' 30"	4' 40"	4' 50"	0 30 0
7:	1	11	21	31	41	51	1	11	21	31	41	51	1	11	21	31	41	51	7
15	2	11	21	31	41	51	.	12	22	32	42	52	2	12	22	32	42	52	15
22:	3	12	22	32	42	52	2	12	..	33	43	53	3	13	23	33	43:	54	22
30	4	12	22	..	43	53	3	13	23	..	44	54	4	14	24	34:	45	55	30
37:	5	2' 13	2' 23	2' 33	2' 43	2' 54	3' 4	3' 14	3' 24	3' 34	3' 45	3' 55	4' 5	4' 15	4' 25	4' 36	4' 46	4' 56	37
45	6	13	..	34	44	54	.	15	25	35	..	56	6	16	26:	37	47	57	45
52:	7	14	24	34	45	55	5	16	26	36	46	57	7	17	28	38	48	58	52
0	8	14	25	35	45	56	6	16	27	37	47	58	8	18	29	39	49	5' 0	31 0
7:	9	15	25	36	46	56	7	17	..	38	48	59	9	19	30	40	50:	1	7
15	10	2' 15	2' 26	2' 36	2' 47	2' 57	3' .	3' 18	3' 28	3' 39	3' 49	4' 0	4' 10	4' 20	4' 31	4' 41	4' 52	2	15
22:	11	16	26	37	47	58	8	19	29	40	50	1	11	21	32	42	53	3	22
30	12	..	27	..	48	..	9	..	30	..	51	.	12	22	33	43:	54	4:	30
37:	13	17	28	38	49	59	10	20	31	41	52	2	13	24	34	45	55	5' 6	37
45	14	18	28	39	49	3' 0	..	21	32	42	53	3	14	25	35	46	56	7	45
52:	15	2' 18	2' 29	2' 39	2' 50	1	3' 11	3' 22	3' ..	3' 43	3' 54	4' 4	4' 15	4' 26	4' 36	4' 47	57:	8	52
0	16	19	29	40	51	1	12	23	33	44	55	5	16	27	37	48	59	9	32 0
7:	17	19	30	41	51	2	13	23	34	45	56	6	17	28	38	49	5' 0	11	7
15	18	20	..	41	52	3	..	24	35	46	..	7	18	29	39:	50	1	5' 12	15
22:	19	20	31	42	53	3	14	25	36	47	57	8	19	30	41	51	2	13	22
30	20	2' 21	2' 32	2' ..	2' 53	3' 4	3' 15	3' 26	3' 37	3' ..	58	4' 9	4' 20	4' 31	4' 42	4' 52:	3	14	30
37:	21	21	32	43	54	5	16	27	..	48	59	10	21	32	43	54	4:	15	37
45	22	22	33	44	55	6	..	27	38	49	4' 0	11	22	33	44	55	5' 6	17	45
52:	23	22	33	45	55	6	17	28	39	50	1	12	23	34	45	56	7	5' 18	52
0	24	23	34	45	56	7	18	29	40	51	2	13	24	35	46	57	8	19	33 0
7:	25	2' 24	2' 35	2' 46	2' 57	3' 8	3' 19	3' 30	3' 41	3' 52	3	4' 14	4' 25	4' 36	4' 47	58	9	20	7
15	26	24	35	46	57	8	..	31	42	53	4	15	26	37	48	59	10	21	15
22:	27	25	36	47	58	9	20	31	..	54	5	16	27	38	49	5' 0	5' 11:	23	22
30	28	25	36	..	59	10	21	32	43	..	4' 6	17	28	39	50	1:	13	5' 24	30
37:	29	26	37	48	59	11	22	33	44	55	7	18	29	40	51	3	14	25	37
45	30	2' 26	2' ..	2' 49	3' 0	3' 11	3' ..	3' 34	3' 45	3' 56	.	4' 19	4' 30	4' 41	4' 52:	5' 4	15	26	45
52:	31	27	38	49	1	12	23	35	46	57	8	20	31	42	54	5	16	27	52
0	32	27	39	50	1	13	24	35	47	58	9	21	32	43	55	6	5' 17	29	34 0
7:	33	28	39	51	2	13	25	36	..	59	4' 10	22	33	44	56	7	18:	5' 30	7
15	34	28	40	51	3	14	..	37	48	4' 0	11	23	34	45	57	8	20	31	15
22:	35	2' 29	2' 40	2' 52	3' 3	3' 15	3' 26	3' 38	3' 49	1	12	4' 24	4' 35	4' 46	58	5' 9	21	32	22
30	36	..	41	..	4	..	27	..	50	.	13	..	36	47	59	10	22	33:	30
37:	37	30	42	53	5	16	28	39	51	2	14	25	37	49	5' 0	12	5' 23	35	37
45	38	31	42	54	5	17	..	40	52	3	4' 15	26	38	50	1	13	24	5' 36	45
52:	39	31	43	55	6	18	29	41	..	4' 4	16	27	39	51	2	14	25:	37	52
0	40	2' 32	2' 43	55	3' 7	3' 18	3' 30	3' 42	3' 53	5	17	4' 28	4' 40	4' 52	3	5' 15	27	38	35 0
7:	41	32	44	2' 56	7	19	31	42	54	6	18	29	41	53	4	16	28	40	7
15	42	33	..	56	8	20	..	43	55	.	..	30	42	54	5' 5:	17	5' 29	41	15
22:	43	33	45	57	9	20	32	44	56	8	4' 19	31	43	55	7	18	30	5' 42	22
30	44	34	46	..	0	21	33	45	57	4' .	20	32	44	56	8	19:	31	43	30
37:	45	2' 34	2' 46	58	3' 10	3' 22	3' 34	3' 46	..	9	21	4' 33	4' 45	57	9	5' 21	32:	44	37
45	46	35	47	59	11	23	..	46	58	10	22	34	46	58	10	22	34	46	45
52:	47	35	47	59	11	23	35	47	59	11	23	35	47	59	5' 11	23	5' 35	47	52
0	48	36	48	3' 0	12	24	36	48	4' 0	12	4' 24	36	48	5' 0	12	24	36	5' 48	36 0
7:	49	37	49	1	13	25	37	49	1	4' 13	25	37	49	1	13	25	37	49	7
15	50	2' 37	2' 49	1	3' 13	3' 25	3' ..	3' 50	2	14	26	4' 38	4' 50	5' 2	14	5' 26	38	50	15
22:	51	38	50	2	14	26	38	50	.	13	27	39	51	3	15	27	39:	52	22
30	52	38	50	.	15	27	39	51	3	..	28	40	52	4	5' 16	28:	5' 41	53	30
37:	53	39	51	3	15	28	40	52	4' 4	16	4' 29	41	53	5	17	30	42	54	37
45	54	39	..	4	16	28	..	53	5	4' 17	..	42	54	6	18:	31	43	5' 55	45
52:	55	2' 40	2' 52	3' 4	3' 17	3' 29	3' 41	3' 54	6	18	30	4' 43	4' 55	5' 7	5' 20	5' 32	44	56	52
0	56	40	53	5	17	30	42	54	7	19	31	44	56	8	21	33	45	58	37 0
7:	57	41	53	6	18	30	43	55	4' .	20	32	45	57	9	22	34	5' 46:	59	7
15	58	41	54	6	19	31	..	56	8	21	33	46	58	10	23	35	48	6' 0	15
22:	59	42	54	7	19	32	44	57	9	22	34	47	59	11	24	36	49	1	22
0' 15" 30 45 0 15 30 45 0 15 30 45 0 15 30 45 0 15 30 45 0 15 30 45 0 15 30 45 0 15 / 0 0 0 1 1 1 1 2 2 2 2 3 3 3 3 4 4 4 4 5 5 5 5 6 6 6 6 7 7 / 1 2 3 4 5 6 7 8 9 10 11 12 13 14 15 16 17 18 19 20 21 22 23 24 25 26 27 28 29										40^m	42^m	44^m	46^m	48^m	50^m	52^m	54^m	56^m	58^m	Diff. pour 4 = 0'.

30'	40'	50'	1'	2'	3'	4'	5'	6'	7'	8'	9'	10'	11'	h. m.	
6' 15"	8' 20"	10' 25"	12" 30"'	25" 0	37" 30	50" 0	1' 2" 30	1' 15" 0	1' 27" 30	1' 40" 0	1' 52"	2' 5"	2' 17"	2' 30"	37m
16	22	27	32	5	37	10	42	15	47	20	53	5	18	..	
17	23	29	35	10	45	20	55	30	1' 28" 5	40	53	6	18	31	
19	25	31	37	15	52	30	1' 3" 7	45	22	1' 41" 0	54	6	19	..	
20	27	33	40	20	38" 0	40	20	1' 16" 0	40	20	54	7	19	32	38m
6' 21	8' 28	10' 35	12" 42	25	7	50	32	15	57	40	1' 54	2' 7	2' 20	..	
22	30	37	45	30	15	51" 0	45	30	1' 29" 15	1' 42" 0	55	.	20	33	
24	32	40	47	25" 35	22	10	57	45	32	20	55	8	21	..	
25	33	42	50	40	38" 30	20	1' 4" 10	1' 17" 0	50	40	..	8	21	34	
26	35	44	52	45	37	30	22	15	1' 30" 7	1' 43" 0	56	9	22	..	
6' 27	8' 37	10' 46	55	50	45	40	35	30	25	20	1' 56	2' 9	2' 22	35	
29	38	48	57	55	52	50	47	45	42	40	57	10	23	..	
30	40	50	13" 0	26" 0	39" 0	52" 0	1' 5" 0	1' 18" 0	1' 31" 0	1' 44" 0	57	10	23	36	39m
31	42	52	2	5	7	10	12	15	17	20	57	10	23	..	
32	43	54	5	10	15	20	25	30	35	40	58	11	24	37	
6' 34	8' 45	56	7	15	22	30	37	45	52	1' 45" 0	1' 58	2' 11	2' 24	..	
35	47	58	10	20	30	40	50	1' 19" 0	1' 32" 10	20	..	12	25	38	
36	48	11' 0	13" 12	26" 25	37	50	1' 6" 2	15	27	40	59	12	25	..	
37	50	2	15	30	45	53" 0	15	30	45	1' 46" 0	59	..	26	39	
39	52	5	17	35	52	10	27	45	1' 33" 2	20	2' 0	13	26	..	
6' 40	8' 53	7	20	40	40" 0	20	40	1' 20" 0	20	40	0	2' 13	2' 27	40	40m
41	55	9	22	45	7	30	52	15	37	1' 47" 0	0	14	27	..	
42	57	11	13" 25	50	15	40	1' 7" 5	30	55	20	1	14	28	41	
44	58	13	27	55	22	50	17	45	1' 34" 12	40	1	15	28	..	
45	9' 0	15	30	27" 0	30	54" 0	30	1' 21" 0	30	1' 48" 0	2' ..	15	..	42	
6' 46	2	11' 17	32	5	37	10	42	15	47	20	2	2' 15	2' 29	..	
47	3	19	35	10	45	20	55	30	1' 35" 5	40	2	16	29	43	
49	5	21	13" 37	15	52	30	1' 8" 7	45	22	1' 49" 0	3	16	30	..	
50	7	23	40	20	41" 0	40	20	1' 22" 0	40	20	3	17	30	44	41m
51	8	25	42	25	7	50	32	15	57	40	2' 3	17	31	..	
6' 52	9' 10	11' 27	45	27" 30	15	55" 0	45	30	1' 36" 15	1' 50" 0	4	2' ..	2' 31	45	
54	12	30	47	35	22	10	57	45	32	20	4	18	32	..	
55	13	32	13" 50	40	30	20	1' 9" 10	1' 23" 0	50	40	.	18	32	46	
56	15	34	52	45	37	30	22	15	1' 37" 7	1' 51" 0	5	19	33	..	
57	17	36	55	50	45	40	35	30	25	20	2' 5	19	33	47	
59	9' 18	11' 38	57	55	52	50	47	45	42	40	6	2' 20	2' 34	..	
7' 0	20	40	14" 0	28" 0	42" 0	56" 0	1' 10" 0	1' 24" 0	1' 38" 0	1' 52" 0	6	20	34	48	42m
1	22	42	2	5	7	10	12	15	17	20	6	20	34	..	
2	23	44	5	10	15	20	25	30	35	40	7	21	35	49	
4	25	46	7	15	22	30	37	45	52	1' 53" 0	2' 7	21	35	..	
7' 5	9' 27	11' 48	10	20	30	40	50	1' 25" 0	1' 39" 10	20	.	2' 22	2' 36	50	
6	28	50	14" 12	25	37	50	1' 11" 2	15	27	40	8	22	36	..	
7	30	52	15	30	45	57" 0	15	30	45	1' 54" 0	8	..	37	51	
9	32	55	17	28" 35	52	10	27	45	1' 40" 2	20	9	23	37	..	
10	33	57	20	40	43" 0	20	40	1' 26" 0	20	40	2' 9	23	38	52	43m
7' 11	9' 35	59	22	45	7	30	52	15	37	1' 55" 0	9	2' 24	2' 38	..	
12	37	12' 1	14" 25	50	15	40	1' 12" 5	30	55	20	10	24	39	53	
14	38	3	27	55	22	50	17	45	1' 41" 12	40	10	25	39	..	
15	40	5	30	29" 0	30	58" 0	30	1' 27" 0	30	1' 56" 0	..	25	..	54	
16	42	7	32	5	37	10	42	15	47	20	2' 11	25	40	..	
7' 17	9' 43	9	35	10	45	20	55	30	1' 42" 5	40	11	2' 26	2' 40	55	
19	45	11	14" 37	15	52	30	1' 13" 7	45	22	1' 57" 0	12	26	41	..	
20	47	13	40	20	44" 0	40	20	1' 28" 0	40	20	12	27	41	56	44m
21	48	15	42	25	7	50	32	15	57	40	12	27	42	..	
22	50	17	45	29" 30	15	59" 0	45	30	1' 43" 15	1' 58" 0	2' 13	..	42	57	
7' 24	9' 52	12' 20	47	35	22	10	57	45	32	20	13	2' 28	2' 43	..	
25	53	22	14" 50	40	30	20	1' 14" 10	1' 29" 0	50	40	..	28	43	58	
26	55	24	52	45	37	30	22	15	1' 44" 7	1' 59" 0	14	29	44	..	
27	57	26	55	50	45	40	35	30	25	20	14	29	44	59	
29	58	28	57	55	52	50	47	45	42	40	15	30	45	..	
60m	Diff. pour 1m. / Diff. diurne des pas.		1"/12 — 2m	1"/6 — 4m	1"/4 — 6m	1"/3	4"/10	1"/2	6"/10	7"/10	Secondes de degrés. = Dix. de secondes de temps. / Dix. de sec. de temps.		[illegible]		

	h. m.	13'	14'	15'	16'	17'	18'	19'	20'	21'	22'	23'	24'	25'	26'	27'	28'	29'	h. m. s.
30'	5 0	2' 42"	2' 55	3' 7	3' 20	3' 32	3' 45	3' 57	4' 10	4' 22	4' 35	4' 47	5' 0	5' 12"	5' 25	5' 37½	5' 50	6' 2	0 37 30
37½	1	43	56	8	21	33	46	58	11	23	36	48	1	14	26	39	51	4	37½
45	2	44	56	9	21	34	..	59	12	24	37	49	2	15	27	40	52	5	45
52½	3	44	57	9	22	35	47	4' 0	..	25	38	50	3	16	28	41	53½	6	52½
0	4	45	2' 57	10	23	35	48	1	13	26	39	51	4	17	29	42	55	7	38 0
7½	5	2' 45	58	3' 11	3' 23	3' 36	3' 49	1	4' 14	4' 27	4' 40	4' 52	5' 5	5' 18	5' 30	5' 43	5' 56	6' 9	7½
15	6	46	..	11	24	37	..	2	15	28	..	53	6	19	31½	44	57	10	15
22½	7	46	59	12	25	37	50	3	16	29	41	54	7	20	33	45	58	11	22½
30	8	47	3' 0	..	25	38	51	4	17	..	42	55	8	21	34	46½	59	12	30
37½	9	47	0	13	26	39	52	4' 5	..	30	43	56	9	22	35	48	6' 0½	13	37½
45	10	48	1	3' 14	3' 27	3' 40	3' ..	5	4' 18	4' 31	4' 44	57	5' 10	5' 23	5' 33	5' 49	2	6' 15	45
52½	11	2' 48	1	14	27	40	53	6	19	32	45	58	11	24	37	50	3	16	52½
0	12	49	3' 2	15	28	41	54	7	20	33	46	59	12	25	38	51	4	17	39 0
7½	13	50	3	16	29	42	55	8	21	34	47	5' 0	13	26	39	52	5	18	7½
15	14	50	3	16	29	42	..	4' 9	22	35	48	1	14	27	40	53	6	19	15
22½	15	51	4	3' 17	3' 30	3' 43	3' 56	9	4' ..	4' 36	49	2	5' 15	5' 28	5' 41	5' 54	6' 7½	6' 21	22½
30	16	2' 51	4	..	31	44	57	10	23	..	4' 50	3	16	29	42	55½	9	22	30
37½	17	52	3' 5	18	31	45	58	11	24	37	51	4	17	30	43	57	10	23	37½
45	18	52	.	19	32	45	..	12	25	38	..	5' 5	18	31	44	58	11	24	45
52½	19	53	6	19	33	46	59	4' 13	26	39	52	6	19	32	46	59	12	25	52½
0	20	53	7	3' 20	3' 33	3' 47	4' 0	13	4' 27	4' 40	53	7	5' 20	5' 33	5' 47	6' 0	6' 13	6' 27	40 0
7½	21	2' 54	7	21	34	47	1	14	..	41	4' 54	8	21	34	48	1	14½	28	7½
15	22	54	3' 8	21	35	48	.	15	28	42	55	9	22	35	49	2	16	29	15
22½	23	55	8	22	36	49	2	16	29	43	56	10	23	36	50	3	17	30	22½
30	24	..	9	..	36	..	3	4' ..	30	..	57	5' ..	24	37	51	4	18	31½	30
37½	25	56	10	3' 23	3' 37	3' 50	4' 4	17	4' 31	4' 44	58	11	5' 25	5' 39	5' 52	6' 6	6' 19	6' 33	37½
45	26	57	10	24	37	51	.	18	32	45	59	12	26	40	53	7	20	34	45
52½	27	2' 57	3' 11	24	38	52	5	19	..	46	5' 0	13	27	41	54	8	21½	35	52½
0	28	58	11	25	39	52	6	20	33	47	1	5' 14	28	42	55	9	23	36	41 0
7½	29	58	12	26	39	53	7	4' 20	34	48	2	15	29	43	56	10	24	38	7½
15	30	59	..	3' 26	3' 40	3' 54	4' .	21	4' 35	4' 49	..	16	5' 30	5' 44	57½	6' 11	6' 25	6' 39	15
22½	31	59	13	27	41	54	8	22	36	50	3	17	31	45	59	12	26	40	22½
30	32	3' 0	3' 14	..	41	55	9	23	37	..	5' 4	18	32	46	6' 0	13½	27	41	30
37½	33	0	14	28	42	56	10	24	..	51	5	5' 19	33	47	1	15	28½	42	37½
45	34	1	15	29	43	57	..	4' 24	38	52	6	20	34	48	2	16	30	44	45
52½	35	1	15	3' 29	3' 43	3' 57	4' 11	25	4' 39	4' 53	7	21	5' 35	5' 49	3	6' 17	6' 31	6' 45	52½
0	36	2	16	30	44	58	12	26	40	54	8	22	36	50	4	18	32	46	42 0
7½	37	3' 3	3' 17	31	45	59	13	27	41	55	5' 9	23	37	51	5	19	33	47	7½
15	38	3	17	31	45	59	..	28	42	56	10	5' 24	38	52	6' 6	20	34	48	15
22½	39	4	18	32	46	4' 0	14	4' 28	..	57	11	25	39	53	7	21	35½	50	22½
30	40	4	18	3' ..	3' 47	1	4' 15	29	4' 43	..	12	26	5' 40	5' 54	8	6' 22½	6' 37	6' 51	30
37½	41	5	19	33	47	2	16	30	44	58	13	27	41	55	9	24	38	52	37½
45	42	3' 5	3' ..	34	48	2	..	31	45	59	5' ..	28	42	56	10½	25	39	53	45
52½	43	6	20	34	49	3	17	32	46	5' 0	14	5' 29	43	57	6' 12	26	40	54	52½
0	44	6	21	35	49	4' 4	18	4' 32	47	1	15	30	44	58	13	27	41	56	43 0
7½	45	7	21	3' 36	3' 50	4	4' 19	33	5' ..	2	16	31	5' 45	59	14	6' 28	6' 42½	6' 57	7½
15	46	7	22	36	51	5	..	34	48	3	17	32	46	6' 0	15	29	44	58	15
22½	47	3' 8	3' 22	37	51	6	20	35	49	4	5' 18	33	47	1	16	30	45	59	22½
30	48	.	23	..	52	.	21	..	50	5' ..	19	5' ..	48	2	6' 17	31½	46	7' 0½	30
37½	49	9	24	38	53	4' 7	22	4' 36	51	5	20	34	49	4	18	33	47	2	37½
45	50	10	24	3' 39	3' 53	8	4' ..	37	5' 52	6	21	35	5' 50	6' 5	19	6' 34	6' 48	3	45
52½	51	10	25	39	54	9	23	38	..	7	22	36	51	6	20	35	49½	4	52½
0	52	3' 11	3' 25	40	55	9	24	39	53	8	5' 23	37	52	7	21	36	51	5	44 0
7½	53	11	26	41	55	10	25	39	54	9	24	38	53	8	6' 22	37	52	7	7½
15	54	12	..	41	56	4' 11	..	4' 40	55	5' 10	..	5' 39	54	9	23½	38	53	8	15
22½	55	12	27	3' 42	3' 57	11	4' 26	41	4' 56	11	25	40	5' 55	6' 10	25	6' 39	6' 54	7' 9	22½
30	56	13	3' 28	..	57	12	27	42	57	..	26	41	56	11	26	40½	55	10	30
37½	57	3' 13	28	43	58	13	28	43	..	12	5' 27	42	57	12	6' 27	42	56½	11	37½
45	58	14	29	44	59	14	..	43	58	13	28	43	58	13	28	43	58	13	45
52½	59	14	29	44	59	14	29	44	59	14	29	44	59	14	29	44	59	14	52½
	[illegible]									40m	42m	44m	46m	48m	50m	52m	54m	56m	58m — Diff. pour 1m = 0".5

30'	40'	50'	1'	2'	3'	4'	5'	6'	7'	8'	9'	10'	11'	h. m.	
7' 30"	10' 0"	12' 30"	15" 0	30" 0	45" 0	1' 0" 0	1' 15" 0	1' 30" 0	1' 45" 0	2' 0" 0	2' 15"	2' 30"	2' 45	3 0"	45°
31	2	32	2	5	7	10	12	15	17	20	15	30	45	.	
32	3	34	5	10	15	20	25	30	35	40	16	31	46	1	
34	5	36	7	15	22	30	37	45	52	2' 1" 0	16	31	46	.	
35	7	38	10	20	45" 30	40	50	1' 31" 0	1' 46" 10	20	..	32	47	2	
7' 36	10' 8	12' 40	15" 12	25	37	50	1' 16" 2	15	27	40	2' 17	2' 32	2' 47	.	
37	10	42	15	30" 30	45	1' 1" 0	15	30	45	2' 2" 0	17	..	48	3	
39	12	45	17	35	52	10	27	45	1' 47" 2	20	18	33	48	.	
40	13	47	20	40	46" 0	20	40	1' 32" 0	20	40	18	33	49	4	46°
41	15	49	22	45	7	30	52	15	37	2' 3" 0	18	34	49	.	
7' 42	10' 17	12' 51	15" 25	50	15	40	1' 17" 5	30	55	20	2' 19	2' 34	2' 50	5	
44	18	53	27	55	22	50	17	45	1' 48" 12	40	19	35	50	.	
45	20	55	30	31" 0	46" 30	1' 2" 0	30	1' 33" 0	30	2' 4" 0	..	35	..	6	
46	22	57	32	5	37	10	42	15	47	20	20	35	51	.	
47	23	59	35	10	45	20	55	30	1' 49" 5	40	20	36	51	7	
7' 49	10' 25	13' 1	15" 37	15	52	30	1' 18" 7	45	22	2' 5" 0	2' 21	2' 36	2' 52	.	
50	27	3	40	20	47" 0	40	20	1' 34" 0	40	20	21	37	52	8	47°
51	28	5	42	25	7	50	32	15	57	40	21	37	53	.	
52	30	7	45	31" 30	15	1' 3" 0	45	30	1' 50" 15	2' 6" 0	22	..	53	9	
54	32	10	47	35	22	10	57	45	32	20	22	38	54	.	
7' 55	10' 33	13' 12	15" 50	40	47" 30	20	1' 19" 10	1' 35" 0	50	40	2' ..	2' 38	2' 54	10	
56	35	14	52	45	37	30	22	15	1' 51" 7	2' 7" 0	23	39	55	..	
57	37	16	55	50	45	40	35	30	25	20	23	39	55	11	
59	38	18	57	55	52	50	47	45	42	40	24	40	56	..	
8' 0	40	20	16" 0	32" 0	48" 0	1' 4" 0	1' 20" 0	1' 36" 0	1' 52" 0	2' 8" 0	24	40	56	12	48°
1	10' 42	13' 22	2	5	7	10	12	15	17	20	2' 24	2' 40	2' 56	..	
2	43	24	5	10	15	20	25	30	35	40	25	41	57	13	
4	45	26	7	15	22	30	37	45	52	2' 9" 0	25	41	57	..	
5	47	28	10	20	48" 30	40	50	1' 37" 0	1' 53" 10	20	..	42	58	14	
6	48	30	16" 12	25	37	50	1' 21" 2	15	27	40	26	42	58	..	
8' 7	10' 50	13' 32	15	32" 30	45	1' 5" 0	15	30	45	2' 10" 0	2' 26	2' ..	2' 59	15	
9	52	35	17	35	52	10	27	45	1' 54" 2	20	27	43	59	..	
10	53	37	20	40	49" 0	20	40	1' 38" 0	20	40	27	43	3' 0	16	49°
11	55	39	22	45	7	30	52	15	37	2' 11" 0	27	44	0	..	
12	57	41	16" 25	50	15	40	1' 22" 5	30	55	20	28	44	1	17	
8' 14	58	13' 43	27	55	22	50	17	45	1' 55" 12	40	2' 28	2' 45	1	..	
15	11' 0	45	30	33" 0	49" 30	1' 6" 0	30	1' 39" 0	30	2' 12" 0	..	45	..	18	
16	2	47	32	5	37	10	42	15	47	20	29	45	3' 2	..	
17	3	49	35	10	45	20	55	30	1' 56" 5	40	29	46	2	19	
19	5	51	16" 37	15	52	30	1' 23" 7	45	22	2' 13" 0	30	46	3	..	
8' 20	11' 7	53	40	20	50" 0	40	20	1' 40" 0	40	20	2' 30	2' 47	3	20	50°
21	8	55	42	25	7	50	32	15	57	40	30	47	4	..	
22	10	57	45	33" 30	15	1' 7" 0	45	30	1' 57" 15	2' 14" 0	31	..	3' 4	21	
24	12	14' 0	47	35	22	10	57	45	32	20	31	48	5	..	
25	13	2	16" 50	40	50" 30	20	1' 24" 10	1' 41" 0	50	40	..	48	5	22	
8' 26	11' 15	4	52	45	37	30	22	15	1' 58" 7	2' 15" 0	2' 32	2' 49	6	..	
27	17	6	55	50	45	40	35	30	25	20	32	49	6	23	
29	18	8	57	55	52	50	47	45	42	40	33	50	3' 7	..	
30	20	10	17" 0	34" 0	51" 0	1' 8" 0	1' 25" 0	1' 42" 0	1' 59" 0	2' 16" 0	33	50	7	24	51°
31	22	14' 12	2	5	7	10	12	15	17	20	33	50	7	..	
8' 32	11' 23	14	5	10	15	20	25	30	35	40	2' 34	2' 51	8	25	
34	25	16	7	15	22	30	37	45	52	2' 17" 0	34	51	3' 8	..	
35	27	18	10	20	51" 30	40	50	1' 43" 0	2' 00" 10	20	..	52	9	26	
36	28	20	17" 12	25	37	50	1' 26" 2	15	27	40	35	52	9	..	
37	30	22	15	34" 30	45	1' 9" 0	15	30	45	2' 18" 0	35	..	10	27	
8' 39	11' 32	14' 25	17	35	52	10	27	45	2' 01" 2	20	2' 36	2' 53	10	..	
40	33	27	17" 20	40	52" 0	20	40	1' 44" 0	20	40	36	53	3' 11	28	52°
41	35	29	22	45	7	30	52	15	37	2' 19" 0	36	54	11	..	
42	37	31	25	50	15	40	1' 27" 5	30	55	20	37	54	12	29	
44	38	33	27	55	22	50	17	45	2' 02" 12	40	37	55	12	..	
60°	Diff. pour 1". Diff. diurne des pas.		1"/11 3°	1"/6 4°	1"/4 6°	1"/3	4"/10	1"/2	6"/10	1"/5	Secondes et degrés. = Dix. de secondes de temps. Dix. de sec. de temps.	[illegible]			

	h. m.	13'	14'	15'	16'	17'	18'	19'	20'	21'	22'	23'	24'	25'	26'	27'	28'	29'	h. m. s.
0'	6 0	3' 15"	3' 30"	3' 45"	4' 0"	4' 15"	4' 30"	4' 45	5' 0"	5' 15"	5' 30"	5' 45"	6' 0"	6' 15"	6' 30	6' 45	7' 0	7' 15	0 45 0'
7:	1	16	31	46	1	16	31	46	1	16	31	46	1	16	31	46	1	16	7:
15	2	16	31	46	1	16	..	47	2	17	32	47	2	17	32	47	2	17	15
22:	3	17	32	47	2	17	32	47	.	18	33	48	3	18	33	48	3	18	22:
30	4	17	32	..	3	18	33	48	3	..	34	49	4	19	34	49	4	20	30
37:	5	3' 18	3' 33	3' 48	4' 3	4' 19	4' 34	4' 49	5' 4	5' 19	5' 35	5' 50	6' 5	6' 20	6' 35	51	7' 6	7' 21	37:
45	6	18	..	49	4	19	..	50	5	20	..	51	6	21	36	52	7	22	45
52:	7	19	34	49	5	20	35	51	6	21	36	52	7	22	38	6' 53	8	23	52:
0	8	19	35	50	5	21	36	51	7	22	37	53	8	23	39	54	9	25	46 0
7:	9	20	35	51	6	21	37	52	.	23	38	54	9	24	40	55	10	26	7:
15	10	3' 20	3' 36	3' 51	4' 7	4' 22	4' ..	4' 53	5' 8	5' 24	5' 39	5' 55	6' 10	6' 25	6' 41	56	7' 12	7' 27	15
22:	11	21	36	52	7	23	38	54	9	25	40	56	11	26	42	57	13	28	22:
30	12	21	37	..	8	..	39	..	10	..	41	..	12	27	43	58:	14	29:	30
37:	13	22	38	53	9	24	40	55	11	26	42	57	13	29	44	7' 0	15	31	37:
45	14	23	38	54	9	25	..	4' 56	12	27	43	58	14	30	45	1	16	32	45
52:	15	3' 23	3' 39	3' 54	4' 10	4' 26	4' 41	57	5' ..	5' 28	5' 44	59	6' 15	6' 31	6' 46	2	7' 17	7' 33	52:
0	16	24	39	55	11	26	42	58	13	29	45	6' 0	16	32	47	3	19	34	47 0
7:	17	24	40	56	11	27	43	58	14	30	46	1	17	33	48	4	20	36	7:
15	18	25	..	56	12	28	..	59	15	31	..	2	18	34	50	5	21	37	15
22:	19	25	41	57	13	28	44	5' 0	16	32	47	3	19	35	51	6	22	38	22:
30	20	3' 26	3' 42	3' ..	4' 13	4' 29	4' 45	1	5' 17	5' ..	5' 48	6' 4	6' 20	6' 36	52	7' 7:	7' 23	7' 39	30
37:	21	26	42	38	14	30	46	2	..	33	49	5	21	37	6' 53	9	24:	40	37:
45	22	27	43	59	15	31	..	2	18	34	50	6	22	38	54	10	26	42	45
52:	23	27	43	59	15	31	47	3	19	35	51	7	23	39	55	11	27	43	52:
0	24	28	44	4' 0	16	32	48	5' 4	20	36	52	8	24	40	56	12	28	44	48 0
7:	25	3' 29	3' 45	1	4' 17	4' 33	4' 49	5	5' 21	5' 37	53	6' 9	6' 25	6' 41	57	7' 13	7' 29	7' 45	7:
15	26	29	45	1	17	33	..	6	22	38	5' 54	10	26	42	58	14	30	46	15
22:	27	30	46	2	18	34	50	6	..	39	55	11	27	43	59	15	31:	48	22:
30	28	30	46	.	19	35	51	7	23	..	56	12	28	44	7' 0	16:	33	49	30
37:	29	31	47	4' 3	19	36	52	5' 8	24	40	57	13	29	45	1	18	34	50	37:
45	30	3' 31	3' ..	4	4' 20	4' 36	4' ..	9	5' 25	5' 41	..	6' 14	6' 30	6' 46	2:	7' 19	7' 35	51	45
52:	31	32	48	4	21	37	53	10	26	42	58	15	31	47	4	20	36	7' 52	52:
0	32	32	49	5	21	38	54	10	27	43	59	16	32	48	5	21	37	54	49 0
7:	33	33	49	6	22	38	55	11	..	44	6' 0	17	33	49	6	22	38:	55	7:
15	34	33	50	4' 6	23	39	..	5' 12	28	45	1	18	34	50	7	23	40	56	15
22:	35	3' 34	3' 50	7	4' 23	4' 40	4' 56	13	5' 29	5' 46	2	6' 19	6' 35	6' 51	7' 8	7' 24	7' 41	57	22:
30	36	..	51	.	24	..	57	..	30	..	3	..	36	52	9	25:	42	58:	30
37:	37	35	52	8	25	41	58	14	31	47	4	20	37	54	10	27	43	8' 0	37:
45	38	36	52	9	25	42	..	15	32	48	5	21	38	55	11	28	44	1	45
52:	39	36	53	4' 9	26	43	59	5' 16	..	49	6' 6	22	39	56	12	29	45:	2	52:
0	40	3' 37	3' 53	10	4' 27	4' 43	5' 0	17	5' 33	5' 50	7	6' 23	6' 40	57	7' 13	7' 30	7' 47	3	50 0
7:	41	37	54	11	27	44	1	17	34	51	8	24	41	58	14	31	48	5	7:
15	42	38	..	11	28	45	.	18	35	52	.	25	42	59	15:	32	49	6	15
22:	43	38	55	12	29	45	2	19	36	53	9	26	43	7' 0	17	33	50	8' 7	22:
30	44	39	56	4' ..	29	46	3	5' 20	37	..	6' 10	27	44	1	18	34:	51	8	30
37:	45	3' 39	56	13	4' 30	4' 47	5' 4	21	5' ..	5' 54	11	6' 28	6' 45	2	7' 19	7' 36	52:	9	37:
45	46	40	3' 57	14	31	48	.	21	38	55	12	29	46	3	20	37	7' 54	11	45
52:	47	40	57	14	31	48	5	22	39	56	13	30	47	4	21	38	55	12	52:
0	48	41	58	15	32	49	6	23	40	57	14	31	48	5	22	39	56	8' 13	51 0
7:	49	42	59	4' 16	33	50	7	5' 24	41	58	6' 15	32	49	6	23	40	57	14	7:
15	50	3' 42	59	16	4' 33	4' 50	5' .	25	5' 42	59	16	6' 33	6' 50	7' 7	7' 24	7' 41	58	15	15
22:	51	43	4' 0	17	34	51	8	25	..	6' 0	17	34	51	8	25	42	59:	17	22:
30	52	43	0	..	35	52	9	26	43	.	18	35	52	9	26	43:	8' 1	18	30
37:	53	44	1	18	35	53	10	27	44	1	19	36	53	10	27	45	2	8' 19	37:
45	54	44	.	4' 19	36	53	..	5' 28	45	2	6' ..	37	54	11	28:	46	3	20	45
52:	55	3' 45	2	19	4' 37	4' 54	5' 11	29	5' 46	3	20	6' 38	6' 55	7' 12	7' 30	7' 47	4	21	52:
0	56	45	4' 3	20	37	55	12	29	47	4	21	39	56	13	31	48	5	23	52 0
7:	57	46	3	21	38	55	13	30	..	5	22	40	57	14	32	49	6:	24	7:
15	58	46	4	21	39	56	..	31	48	6	23	41	58	15	33	50	8	8' 25	15
22:	59	47	4	22	39	57	14	32	49	7	24	42	59	16	34	51	9	26	22:
	[illegible]									40ᵐ	42ᵐ	44ᵐ	46ᵐ	48ᵐ	50ᵐ	52ᵐ	54ᵐ	56ᵐ	58ᵐ Diff. pour 1ˢ = 0",3

0'	40'	50'	1'	2'	3'	4'	5'	6'	7'	8'	9'	10'	11'	h. m.	
45"	11' 40"	11' 35"	17" 30	35" 0	52" 30	1' 10" 0	1' 27" 30	1' 45" 0	2' 2" 30	2' 20" 0	2' 37"	2' 55"	3' 12"	3' 30"	52° 30'
46	42	37	32	5	37	10	42	15	47	20	38	55	13	..	37
47	43	39	35	10	45	20	55	30	2' 3" 5	40	38	56	13	31	45
49	45	41	37	15	52	30	1' 28" 7	45	22	2' 21" 0	39	56	14	..	52
50	47	43	40	20	53" 0	40	20	1' 46" 0	40	20	39	57	14	32	53° 0
51	11' 48	11' 45	42	25	7	50	32	15	57	40	2' 39	2' 57	3' 15	..	7
52	50	47	45	35" 30	15	1' 11" 0	45	30	2' 4" 15	2' 22" 0	40	..	15	33	15
54	52	50	17" 47	35	22	10	57	45	32	20	40	58	16	..	22
55	53	52	50	40	30	20	1' 40" 10	1' 47" 0	50	40	..	58	16	34	30
56	55	54	52	45	37	30	22	15	2' 5" 7	2' 23" 0	41	59	17	..	37
57	57	56	55	50	45	40	35	30	25	20	2' 41	59	3' 17	35	45
59	58	58	57	55	52	50	47	45	42	40	42	3' 0	18	..	52
0	12' 0	12' 0	18" 0	36" 0	54" 0	1' 12" 0	1' 30" 0	1' 48" 0	2' 6" 0	2' 24" 0	42	0	18	36	54° 0
1	2	2	2	5	7	10	12	15	17	20	42	0	18	..	7
2	3	4	5	10	15	20	25	30	35	40	43	1	19	37	15
4	5	6	7	15	22	30	37	45	52	2' 25" 0	2' 43	1	3' 19	..	22
5	7	8	10	20	30	40	50	1' 49" 0	2' 7" 10	20	..	3' 2	20	38	30
6	8	10	18" 12	25	37	50	1' 31" 2	15	27	40	44	2	20	..	37
7	10	12	15	36" 30	45	1' 13" 0	15	30	45	2' 26" 0	44	2	21	39	45
9	12	15	17	35	52	10	27	45	2' 8" 2	40	45	3	21	..	52
10	12' 13	12' 17	20	40	55" 0	20	40	1' 50" 0	20	40	2' 45	3	3' 22	40	55° 0
11	15	19	22	45	7	30	50	15	37	2' 27" 0	45	3' 4	22	..	7
12	17	21	18" 25	50	15	40	1' 32" 5	30	53	20	46	4	23	41	15
14	18	23	27	55	22	50	17	45	2' 9" 12	40	46	5	23	..	22
15	20	25	30	37" 0	30	1' 14" 0	30	1' 51" 0	30	2' 28" 0	..	5	..	42	30
16	12' 22	12' 27	32	5	37	10	42	15	47	20	2' 47	5	3' 24	..	37
17	23	29	35	10	45	20	55	30	2' 10" 5	40	47	6	24	43	45
19	25	31	18" 37	15	52	30	1' 33" 7	45	22	2' 29" 0	48	3' 6	25	..	52
20	27	33	40	20	56" 0	40	20	1' 54" 0	40	20	48	7	25	44	56° 0
21	28	35	42	25	7	50	32	15	57	40	48	7	26	..	7
22	12' 30	12' 37	45	37" 30	15	1' 15" 0	45	30	2' 11" 15	2' 30" 0	2' 49	..	3' 26	45	15
24	32	40	47	35	22	10	57	45	32	20	49	8	27	..	22
25	33	42	18" 50	40	30	20	1' 34" 10	1' 53" 0	50	40	..	3' 8	27	46	30
26	35	44	52	45	37	30	22	15	2' 12" 7	2' 31" 0	50	9	28	..	37
27	37	46	55	50	45	40	35	30	25	20	50	9	28	47	45
29	12' 38	12' 48	57	55	52	50	47	45	42	40	2' 51	10	3' 29	..	52
30	40	50	19" 0	38" 0	57" 0	1' 16" 0	1' 35" 0	1' 54" 0	2' 13" 0	2' 32" 0	51	10	29	48	57° 0
31	42	52	2	5	7	10	12	15	17	20	51	3' 10	29	..	7
32	43	54	5	10	15	20	25	30	35	40	52	11	30	49	15
34	45	56	7	15	22	30	37	45	52	2' 33" 0	52	11	30	..	22
35	12' 47	58	10	20	30	40	50	1' 55" 0	2' 14" 10	20	2' ..	12	3' 31	50	30
36	48	13' 0	12	25	37	50	1' 36" 2	15	27	40	53	12	31	..	37
37	50	2	19" 15	38" 30	45	1' 17" 0	15	30	45	2' 34" 0	53	3' ..	32	51	45
39	52	5	17	35	52	10	27	45	2' 15" 2	20	54	13	32	..	52
40	53	7	20	40	58" 0	20	40	1' 56" 0	20	40	54	13	33	52	58° 0
41	55	9	22	45	7	30	52	15	37	2' 35" 0	2' 54	14	3' 33	..	7
42	57	11	25	50	15	40	1' 37" 5	30	55	20	55	14	34	53	15
44	58	13	19" 27	55	22	50	17	45	2' 16" 12	40	55	3' 15	34	..	22
45	13' 0	15	30	39" 0	30	1' 18" 0	30	1' 57" 0	30	2' 36" 0	..	15	..	54	30
46	2	17	32	5	37	10	42	15	47	20	56	15	35	..	37
47	3	13' 19	35	10	45	20	55	30	2' 17" 5	40	2' 56	16	3' 35	55	45
49	5	21	37	15	52	30	1' 38" 7	45	22	2' 37" 0	57	16	36	..	52
50	7	23	19" 40	20	59" 0	40	20	1' 58" 0	40	20	57	3' 17	36	56	59° 0
51	8	25	42	25	7	50	32	15	57	40	57	17	37	..	7
52	13' 10	27	45	39" 30	15	1' 19" 0	45	30	2' 18" 15	2' 38" 0	58	..	37	57	15
54	12	13' 30	47	35	22	10	57	45	30	20	2' 58	18	3' 38	..	22
55	13	32	50	40	30	20	1' 39" 10	1' 59" 0	50	40	..	18	38	58	30
56	15	34	19" 52	45	37	30	22	15	2' 19" 7	2' 39" 0	59	3' 19	39	..	37
57	17	36	55	50	45	40	35	30	25	20	59	19	39	59	45
59	18	38	57	55	52	50	47	45	42	40	3' 0	20	40	..	52
60m	Diff. pour 1s.		1"/12	1"/6	1"/4	1"/3	4"/15	1"/2	6"/10	2"/3	Secondes de degrés, = Dix. de secondes de temps.				
	Diff. diurne des pass.		2m	4m	6m						Dix. de sec. de temps. 1 2 3 4 5 6 7 8 9				

h. m.	13'	14'	15'	16'	17'	18'	19'	20'	21'	22'	23'	24'	25'	26'	27'	28'	29'	h. m. s.
7 0	3' 47"	4' 5"	4' 22"	4' 40"	4' 57"	5' 15"	5' 32"	5' 50"	6' 7"	6' 25"	6' 42"	7' 0"	7' 18"	7' 35"	7' 52"	8' 10"	8' 27"	0 52 30
1	48	6	23	41	58	16	33	51	8	26	43	1	19	36	54	11	29	37
2	49	6	24	41	59	..	34	52	9	27	44	2	20	37	55	12	30	45
3	49	7	24	42	5' 0	17	35	..	10	28	45	3	21	38	56	13	31	52
4	50	7	25	43	0	18	36	53	11	29	46	4	22	39	57	15	32	53 0
5	3' 50	4' 8	4' 26	4' 43	1	5' 19	5' 36	54	6' 12	6' 30	6' 47	7' 5	7' 23	7' 40	58	8' 16	8' 34	7
6	51	..	26	44	2	..	37	5' 55	13	..	48	6	24	41	59	17	35	15
7	51	9	27	45	3	20	38	56	14	31	49	7	25	43	8' 0	18	36	22
8	52	10	..	45	5' 3	21	39	57	..	32	50	8	26	44	1	19	37	30
9	52	10	28	46	4	22	40	..	15	33	51	9	27	45	3	20	38	37
10	3' 53	4' 11	4' 29	4' 47	5	5' ..	5' 40	58	6' 16	6' 34	6' 52	7' 10	7' 28	7' 46	8' 4	8' 22	8' 40	45
11	53	11	29	47	5	23	41	59	17	35	53	11	29	47	5	23	41	52
12	54	12	30	48	6	24	42	6' 0	18	36	54	12	30	48	6	24	42	54 0
13	55	13	31	49	5' 7	25	43	1	19	37	55	13	31	49	7	25	43	7
14	55	13	31	49	7	..	44	2	20	38	56	14	32	50	8	26	44	15
15	3' 56	4' 14	4' 32	4' 50	8	5' 26	5' 44	..	6' 21	6' 39	6' 57	7' 15	7' 33	7' 51	8' 9	8' 27	8' 46	22
16	56	14	..	51	9	27	45	3	..	40	58	16	34	52	10	29	47	30
17	57	15	33	51	10	28	46	4	22	41	59	17	35	53	12	30	48	37
18	57	..	34	52	5' 10	..	47	6' 5	23	..	7' 0	18	36	54	13	31	49	45
19	58	16	34	53	11	29	48	6	24	42	1	19	37	56	14	32	50	52
20	58	4' 17	4' 35	4' 53	12	5' 30	5' 48	7	6' 25	6' 43	2	7' 20	7' 38	57	8' 15	8' 33	8' 52	55 0
21	59	17	36	54	12	31	49	..	26	44	3	21	39	58	16	34	53	7
22	59	18	36	55	13	..	50	8	27	45	4	22	40	59	17	36	54	15
23	4' 0	18	37	55	5' 14	32	51	6' 9	28	46	5	23	41	8' 0	18	37	55	22
24	.	19	..	56	..	33	..	10	..	47	7' ..	24	42	1	19	38	56	30
25	1	4' 20	4' 38	4' 57	15	5' 34	5' 52	11	6' 29	6' 48	6	7' 25	7' 44	2	8' 21	8' 39	58	37
26	2	20	39	57	16	..	53	12	30	49	7	26	45	3	22	40	59	45
27	2	21	39	58	17	35	54	..	31	50	8	27	46	4	23	41	9 0	52
28	3	21	40	59	17	36	55	6' 13	32	51	9	28	47	5	24	43	1	56 0
29	4' 3	22	41	59	5' 18	37	55	14	33	52	7' 10	29	48	6	25	44	3	7
30	4	4' ..	4' 41	5' 0	19	5' ..	5' 56	15	6' 34	6' ..	11	7' 30	7' 49	8' 7	8' 26	8' 45	9' 4	15
31	4	23	42	1	19	38	57	16	35	53	12	31	50	9	27	46	5	22
32	5	24	..	1	20	39	58	17	..	54	13	32	51	10	28	47	6	30
33	5	24	43	2	21	40	59	6' ..	36	55	14	33	52	11	30	48	7	37
34	4' 6	25	44	3	5' 22	..	59	18	37	56	7' 15	34	53	12	31	50	8	45
35	6	4' 25	4' 44	5' 3	22	5' 41	6' 0	19	6' 38	6' 57	16	7' 35	7' 54	8' 13	8' 32	8' 51	9' 10	52
36	7	26	45	4	23	42	1	20	39	58	17	36	55	14	33	52	11	57 0
37	8	27	46	5	24	43	2	21	40	59	18	37	56	15	34	53	12	7
38	8	27	46	5	24	..	3	6' 22	41	7' 0	19	38	57	16	35	54	13	15
39	4' 9	28	47	6	5' 25	44	3	..	42	1	7' 20	39	58	17	36	55	15	22
40	9	4' 28	4' ..	5' 7	26	5' 45	6' 4	23	6' ..	2	21	7' 40	59	8' 18	8' 37	57	9' 16	30
41	10	29	48	7	27	46	5	24	43	3	22	41	8' 0	19	39	58	17	37
42	10	..	49	8	27	..	6	25	44	..	23	42	1	20	40	59	18	45
43	11	30	49	9	28	47	7	6' 26	45	7' 4	24	43	2	22	41	9 0	19	52
44	4' 11	31	50	9	5' 29	48	7	27	46	5	7' 25	44	3	23	42	1	21	58 0
45	12	4' 31	4' 51	5' 10	29	5' 49	6' 8	..	6' 47	6	26	7' 45	8' 4	8' 24	8' 43	3	9' 22	7
46	12	32	51	11	30	..	9	28	48	7	27	46	5	25	44	4	23	15
47	13	32	52	11	31	50	10	29	49	8	28	47	6	26	45	5	24	22
48	..	33	..	12	..	51	..	6' 30	..	7' 9	..	48	7	27	46	6	25	30
49	4' 14	34	53	13	5' 32	52	11	31	50	10	7' 29	49	9	28	48	7	27	37
50	15	4' 34	4' 54	5' 13	33	5' ..	6' 12	32	6' 51	11	30	7' 50	8' 10	8' 29	8' 49	9' 8	9' 28	45
51	15	35	54	14	34	53	13	..	52	12	31	51	11	30	50	9	29	52
52	16	35	55	15	34	54	14	33	53	13	32	52	12	31	51	11	30	59 0
53	16	36	56	15	35	55	14	6' 34	54	7' 14	33	53	13	32	52	12	32	7
54	4' 17	..	56	16	5' 36	..	15	35	55	..	7' 34	54	14	33	53	13	33	15
55	17	4' 37	4' 57	5' 17	36	5' 56	6' 16	36	6' 56	15	35	7' 55	8' 15	8' 35	8' 54	9' 14	9' 34	22
56	18	38	..	17	37	57	17	37	..	16	36	56	16	36	55	15	35	30
57	18	38	58	18	38	58	18	..	57	17	37	57	17	37	57	16	36	37
58	19	39	59	19	39	..	18	38	58	18	38	58	18	38	58	18	38	45
59	19	39	59	19	39	59	19	39	59	19	39	59	19	39	59	19	39	52
[illegible]								40m	42m	44m	46m	48m	50m	52m	54m	56m	58m	Diff. pour 1s = 0".3.

30'	40'	50'	1'	2'	3'	4'	5'	6'	7'	8'	9'	10'	11'	h. m.	
10' 0"	13' 20"	16' 40"	20" 0	40" 0	1' 0" 0	1' 20" 0	1' 40" 0	2' 0" 0	2' 20" 0	2' 40" 0	3' 0"	3' 20"	3' 40"	4' 0"	60°
1	22	42	2	5	7	10	12	15	17	20	0	20	40	.	
2	23	44	5	10	15	20	25	30	35	40	1	21	41	1	
4	25	46	7	15	22	30	37	45	52	2' 41" 0	1	21	41	.	
5	27	48	10	20	30	40	50	2' 1" 0	2' 21" 10	20	.	22	42	2	
10' 6	13' 28	16' 50	20" 12	25	37	50	1' 41" 2	15	27	40	3' 2	3' 22	3' 42	.	
7	30	52	15	40" 30	45	1' 21" 0	15	30	45	2' 42" 0	2	..	43	3	
9	32	55	17	35	52	10	27	45	2' 22" 2	20	3	23	43	.	
10	33	57	20	40	1' 1" 0	20	40	2' 2" 0	20	40	3	23	44	4	61°
11	35	59	22	45	7	30	52	15	37	2' 43" 0	3	24	44	.	
10' 13	13' 37	17' 1	20" 25	50	15	40	1' 42" 5	30	52	20	3' 4	3' 24	3' 45	5	
14	38	3	27	55	22	50	17	45	2' 23" 12	40	4	25	45	.	
15	40	5	30	41" 0	30	1' 22" 0	30	2' 3" 0	30	2' 44" 0	.	25	..	6	
16	42	7	32	5	37	10	42	15	47	20	5	25	46	.	
17	43	9	35	10	45	20	55	30	2' 24" 5	40	5	26	46	7	
10' 19	13' 45	17' 11	37	15	52	30	1' 43" 7	45	22	2' 45" 0	3' 6	3' 26	3' 47	.	
20	47	13	20" 40	20	1' 2" 0	40	20	2' 4" 0	30	20	6	27	47	8	62°
21	48	15	42	25	7	50	32	15	37	40	6	27	48	.	
22	50	17	45	41" 30	15	1' 23" 0	45	30	2' 25" 15	2' 46" 0	7	..	48	9	
24	52	20	47	35	22	10	57	45	32	20	7	28	49	.	
10' 25	13' 53	17' 22	50	40	30	20	1' 44" 10	2' 5" 0	50	40	3' .	3' 28	3' 49	10	
26	55	24	52	45	37	30	22	15	2' 26" 7	2' 47" 0	8	29	50	..	
27	57	26	55	50	45	40	35	30	25	20	8	29	50	11	
29	58	28	57	55	52	50	47	45	42	40	9	30	51	..	
30	14' 0	30	21" 0	42" 0	1' 3" 0	1' 24" 0	1' 45" 0	2' 6" 0	2' 27" 0	2' 48" 0	9	30	51	12	63°
10' 31	2	17' 32	2	5	7	10	12	15	17	20	3' 9	3' 30	3' 51	..	
32	3	34	5	10	15	20	25	30	35	40	10	31	52	13	
34	5	36	7	15	22	30	37	45	52	2' 49" 0	10	31	52	..	
35	7	38	10	20	30	40	50	2' 7" 0	2' 28" 10	20	..	32	53	14	
36	8	40	12	25	37	50	1' 46" 2	15	27	40	11	32	53	..	
10' 37	14' 10	17' 42	21" 15	42" 30	45	1' 25" 0	15	30	45	2' 50" 0	3' 11	3' ..	3' 54	15	
39	12	45	17	35	52	10	27	45	2' 29" 2	20	12	33	54	..	
40	13	47	20	40	1' 4" 0	20	40	2' 8" 0	20	40	12	33	55	16	64°
41	15	49	22	45	7	30	52	15	37	2' 51" 0	12	34	55	..	
42	17	51	25	50	15	40	1' 47" 5	30	55	20	13	34	56	17	
10' 44	14' 18	17' 53	21" 27	55	22	50	17	45	2' 30" 12	40	3' 13	3' 35	3' 56	..	
45	20	55	30	43" 0	30	1' 26" 0	30	2' 9" 0	30	2' 52" 0	..	35	..	18	
46	22	57	32	5	37	10	42	15	47	20	14	35	57	..	
47	23	59	35	10	45	20	55	30	2' 31" 5	40	14	36	57	19	
49	25	18' 1	37	15	52	30	1' 48" 7	45	22	2' 53" 0	15	36	58	..	
10' 50	14' 27	3	21" 40	20	1' 5" 0	40	20	2' 10" 0	40	20	3' 15	3' 37	58	20	65°
51	28	5	42	25	7	50	32	15	57	40	15	37	59	..	
52	30	7	45	43" 30	15	1' 27" 0	45	30	2' 32" 15	2' 54" 0	16	..	59	21	
54	32	10	47	35	22	10	57	45	32	20	16	38	4' 0	..	
55	33	12	50	40	30	20	1' 49" 10	2' 11" 0	50	40	..	38	0	22	
56	14' 35	18' 14	52	45	37	30	22	15	2' 33" 7	2' 55" 0	3' 17	3' 39	1	..	
57	37	16	55	50	45	40	35	30	25	20	17	39	1	23	
59	38	18	57	55	52	50	47	45	42	40	18	40	2	..	
11' 0	40	20	22" 0	44" 0	1' 6" 0	1' 28" 0	1' 50" 0	2' 12" 0	2' 34" 0	2' 56" 0	18	40	2	24	66°
1	42	22	2	5	7	10	12	15	17	20	18	40	2	..	
2	14' 43	18' 24	5	10	15	20	25	30	35	40	3' 19	3' 41	4' 3	25	
4	45	26	7	15	22	30	37	45	52	2' 57" 0	19	41	3	..	
5	47	28	10	20	30	40	50	2' 13" 0	2' 35" 10	20	..	42	4	26	
6	48	30	12	25	37	50	1' 51" 2	15	27	40	20	42	4	..	
7	50	32	15	44" 30	45	1' 29" 0	15	30	45	2' 58" 0	20	..	5	27	
11' 9	14' 52	18' 35	22" 17	35	52	10	27	45	2' 36" 2	20	3' 21	3' 43	4' 5	..	
10	53	37	20	40	1' 7" 0	20	40	2' 14" 0	20	40	21	43	6	28	67°
11	55	39	22	45	7	30	52	15	37	2' 59" 0	21	44	6	..	
12	57	41	25	50	15	40	1' 52" 5	30	55	20	22	44	7	29	
14	58	43	27	55	22	50	17	45	2' 37" 12	40	22	45	7	..	
60m	Diff. pour 1h.		4"/12	4"/6	4"/4	4"/3	4"/10	4"/2	8"/10	2"/3	Secondes de degrés = Dix. de secondes de temps.	[illegible]			
	Diff. diurne des pas.		2m	4m	6m						Dix. de sec. de temps.	[illegible]			

	h. m.	13'	14'	15'	16'	17'	18'	19'	20'	21'	22'	23'	24'	25'	26'	27'	28'	29'	h. m.
0'	8 0	4' 20"	4' 40"	5' 0"	5' 20"	5' 40"	6' 0"	6' 20	6' 40"	7' 0	7' 20"	7' 40"	8' 0"	8' 20	8' 40"	9' 0"	9' 20"	9' 40"	4 0
7½	1	21	41	1	21	41	1	21	41	1	21	41	1	21	41	1	21	41	
15	2	21	41	1	21	41	.	22	42	2	22	42	2	22	42	2	22	42	
22½	3	22	42	2	22	42	2	22	..	3	23	43	3	23	43	3	23	44	
30	4	22	42	.	23	43	3	23	43	.	24	44	4	24	44	4	25	45	
37½	5	4' 23	4' 43	5' 3	5' 23	5' 44	6' 4	6' 24	6' 44	7' 4	7' 25	7' 45	8' 5	8' 25	8' 45	9' 6	9' 26	9' 46	
45	6	23	..	4	24	44	.	25	45	5	..	46	6	26	46	7	27	47	
52½	7	24	44	4	25	45	5	26	46	6	26	47	7	27	48	8	28	48	
0	8	24	45	5	25	46	6	26	47	7	27	48	8	28	49	9	29	50	1
7½	9	25	45	6	26	46	7	27	..	8	28	49	9	29	50	10	30	51	
15	10	4' 25	4' 46	5' 6	5' 27	5' 47	6' .	6' 28	6' 48	7' 9	7' 29	7' 50	8' 10	8' 30	8' 51	9' 11	9' 32	9' 52	
22½	11	26	46	7	27	48	8	29	49	10	30	51	11	31	52	12	33	53	
30	12	..	47	.	28	..	9	..	50	..	31	..	12	32	53	13	34	54	
37½	13	27	48	8	29	49	10	30	51	11	32	52	13	34	54	15	35	56	
45	14	28	48	9	29	50	..	31	52	12	33	53	14	35	55	16	36	57	
52½	15	4' 28	4' 49	5' 9	5' 30	5' 51	6' 11	6' 32	6' ..	7' 13	7' 34	7' 54	8' 15	8' 36	8' 56	9' 17	9' 37	58	
0	16	29	49	10	31	51	12	33	53	14	35	55	16	37	57	18	38	59	2
7½	17	29	50	11	31	52	13	33	54	15	36	56	17	38	58	19	40	10' 1	
15	18	30	..	11	32	53	..	34	55	16	..	57	18	39	59	20	41	2	
22½	19	30	51	12	33	53	14	35	56	17	37	58	19	40	9' 1	21	42	3	
30	20	4' 31	4' 52	5' ..	5' 33	5' 54	6' 15	6' 36	6' 57	7' ..	7' 38	59	8' 20	8' 41	2	9' 22	9' 43	10' 4	
37½	21	31	52	13	34	55	16	37	..	18	39	8' 0	21	42	3	24	44	5	
45	22	32	53	14	35	56	..	37	58	19	40	1	22	43	4	25	46	7	
52½	23	32	53	14	35	56	17	38	59	20	41	2	23	44	5	26	47	8	
0	24	33	54	15	36	57	18	39	7' 0	21	42	3	24	45	6	27	48	9	3
7½	25	4' 34	4' 55	5' 16	5' 37	58	6' 19	6' 40	1	7' 22	7' 43	8' 4	8' 25	8' 46	9' 7	9' 28	9' 49	10' 10	
15	26	34	55	16	37	58	..	41	2	23	44	5	26	47	8	29	50	11	
22½	27	35	56	17	38	59	20	41	.	24	45	6	27	48	9	30	51	13	
30	28	35	56	..	39	6' 0	21	42	3	..	46	7	28	49	10	31	53	14	
37½	29	36	57	18	39	1	22	43	7' 4	25	47	8	29	50	11	33	54	15	
45	30	4' 36	4' ..	5' 19	5' 40	1	6' ..	6' 44	5	7' 26	7' ..	8' 9	8' 30	8' 51	9' 12	9' 34	9' 55	10' 16	
52½	31	37	58	19	41	2	23	45	6	27	48	10	31	52	14	35	56	17	
0	32	37	59	20	41	3	24	45	7	28	49	11	32	53	15	36	57	19	4
7½	33	38	59	21	42	3	25	46	.	29	50	12	33	54	16	37	58	20	
15	34	38	5' 0	21	43	4	..	47	7' 8	30	51	13	34	55	17	38	10' 0	21	
22½	35	4' 39	0	5' 22	5' 43	6' 5	6' 26	6' 48	9	7' 31	7' 52	8' 14	8' 35	56	9' 18	9' 39	1	10' 22	
30	36	..	1	..	44	.	27	..	10	..	53	..	36	57	19	40	2	23	
37½	37	40	2	23	45	6	28	49	11	32	54	15	37	59	20	42	3	25	
45	38	41	2	24	45	7	..	50	12	33	55	16	38	9' 0	21	43	4	26	
52½	39	41	5' 3	24	46	8	29	51	7' ..	34	56	17	39	1	22	44	5	27	
0	40	4' 42	3	5' 25	5' 47	6' 8	6' 30	6' 52	13	7' 35	7' 57	8' 18	8' 40	2	9' 23	9' 45	10' 7	10' 28	5
7½	41	42	4	26	47	9	31	52	14	36	58	19	41	3	24	46	8	30	
15	42	43	.	26	48	10	..	53	15	37	..	20	42	4	25	47	9	31	
22½	43	43	5	27	49	10	32	54	16	38	59	21	43	5	27	48	10	32	
30	44	44	5' 6	..	49	11	33	55	7' 17	..	8' 0	22	44	6	28	49	11	33	
37½	45	4' 44	6	5' 28	5' 50	6' 12	6' 34	6' 56	..	7' 39	1	8' 23	8' 45	9' 7	9' 29	9' 51	10' 12	10' 34	
45	46	45	7	29	51	13	..	56	18	40	2	24	46	8	30	52	14	36	
52½	47	45	7	29	51	13	35	57	19	41	3	25	47	9	31	53	15	37	
0	48	46	8	30	52	14	36	58	20	42	4	26	48	10	32	54	16	38	6
7½	49	47	5' 9	31	53	15	37	59	7' 21	43	8' 5	27	49	11	33	55	17	39	
15	50	4' 47	9	5' 31	5' 53	6' 15	6' ..	7' 0	22	7' 44	6	8' 28	8' 50	9' 12	9' 34	56	10' 18	10' 40	
22½	51	48	10	32	54	16	38	0	..	45	7	29	51	13	35	57	19	42	
30	52	48	10	..	55	17	39	1	23	..	8	30	52	14	36	58	21	43	
37½	53	49	11	33	55	18	40	2	24	46	9	31	53	15	37	10' 0	22	44	
45	54	49	5' ..	34	56	18	..	3	7' 25	47	8' ..	32	54	16	38	1	23	45	
52½	55	4' 50	12	5' 34	5' 57	6' 19	6' 41	7' 4	26	7' 48	10	8' 33	8' 55	9' 17	9' 40	2	10' 24	10' 46	
0	56	50	13	35	57	20	42	4	27	49	11	34	56	18	41	3	25	48	7
7½	57	51	13	36	58	20	43	5	..	50	12	35	57	19	42	4	26	49	
15	58	51	14	36	59	21	..	6	28	51	13	36	58	20	43	5	28	50	
22½	59	52	14	37	59	22	44	7	29	52	14	37	59	21	44	6	29	51	
	[illegible]								40m	42m	44m	46m	48m	50m	52m	54m	56m	58m	Diff. pour 1' = 6"

30'	40'	50'	1'	2'	3'	4'	5'	6'	7'	8'	9'	10'	11'	h. m.	
15"	15' 0"	18' 45"	22" 30	45" 0	1' 7" 30	1' 30" 0	1' 52" 30	2' 15" 0	2' 37" 30	3' 0" 0	3' 22"	3' 45"	4' 7"	4' 30"	67°
16	2	47	32	5	37	10	42	15	47	20	23	45	8	..	
17	3	49	35	10	45	20	55	30	2' 38" 5	40	23	46	8	31	
19	5	51	37	15	52	30	1' 53" 7	45	22	3' 1" 0	24	46	9	..	
20	7	53	40	20	1' 8" 0	40	20	2' 16" 0	40	20	24	47	9	32	68°
21	15' 8	55	42	25	7	50	32	15	57	40	3' 24	3' 47	4' 10	..	
22	10	57	23" 45	45" 30	15	1' 31" 0	45	30	2' 39" 15	3' 2" 0	25	..	10	33	
24	12	19' 0	47	35	22	10	57	45	32	20	25	48	11	..	
25	13	2	50	40	30	20	1' 54" 10	2' 17" 0	50	40	..	48	11	34	
26	15	4	52	45	37	30	22	15	2' 40" 7	3' 3" 0	26	49	12	..	
27	15' 17	19' 6	55	50	45	40	35	30	25	20	3' 26	3' 49	4' 12	35	
29	18	8	57	55	52	50	47	45	42	40	27	50	13	..	
30	20	10	23" 0	46" 0	1' 9" 0	1' 32" 0	1' 55" 0	2' 18" 0	2' 41" 0	3' 4" 0	27	50	13	36	69°
31	22	12	2	5	7	10	12	15	17	20	27	50	13	..	
32	23	14	5	10	15	20	25	30	35	40	28	51	14	37	
34	15' 25	19' 16	7	15	22	30	37	45	52	3' 5" 0	3' 28	3' 51	4' 14	..	
35	27	18	10	20	30	40	50	2' 19" 0	2' 42" 10	20	..	52	15	38	
36	28	20	12	25	37	50	1' 56" 2	15	27	40	29	52	15	..	
37	30	22	23" 15	46" 30	45	1' 33" 0	15	30	45	3' 6" 0	29	..	16	39	
39	32	25	17	35	52	10	27	45	2' 43" 2	20	30	53	16	..	
40	15' 33	19' 27	20	40	1' 10" 0	20	40	2' 20" 0	20	40	3' 30	3' 53	4' 17	40	70°
41	35	29	22	45	7	30	52	15	37	3' 7" 0	30	54	17	..	
42	37	31	25	50	15	40	1' 57" 5	30	55	20	31	54	18	41	
44	38	33	23" 27	55	22	50	17	45	2' 44" 12	40	31	55	18	..	
45	40	35	30	47" 0	30	1' 34" 0	30	2' 21" 0	30	3' 8" 0	..	55	..	42	
46	15' 42	19' 37	32	5	37	10	42	15	47	20	3' 32	3' 55	4' 19	..	
47	43	39	35	10	45	20	55	30	2' 45" 5	40	32	56	19	43	
49	45	41	37	15	52	30	1' 58" 7	45	22	3' 9" 0	33	56	20	..	
50	47	43	40	20	1' 11" 0	40	20	2' 22" 0	40	20	33	57	20	44	71°
51	48	45	23" 42	25	7	50	32	15	57	40	33	57	21	..	
52	15' 50	19' 47	45	47" 30	15	1' 35" 0	45	30	2' 46" 15	3' 10" 0	3' 34	3' ..	4' 21	45	
54	52	50	47	35	22	10	57	45	32	20	34	58	22	..	
55	53	52	50	40	30	20	1' 59" 10	2' 23" 0	50	40	..	58	22	46	
56	55	54	52	45	37	30	22	15	2' 47" 7	3' 11" 0	35	59	23	..	
57	57	56	55	50	45	40	35	30	25	20	35	59	23	47	
59	58	58	57	55	52	50	47	45	42	40	3' 36	4' 0	4' 24	..	
0	16' 0	20' 0	24" 0	48" 0	1' 12" 0	1' 36" 0	2' 0" 0	2' 24" 0	2' 48" 0	3' 12" 0	36	0	24	48	72°
1	2	2	2	5	7	10	12	15	17	20	36	0	24	..	
2	3	4	5	10	15	20	25	30	35	40	37	1	25	49	
4	5	6	7	15	22	30	37	45	52	3' 13" 0	37	1	25	..	
5	16' 7	20' 8	10	20	30	40	50	2' 25" 0	2' 49" 10	20	3' ..	4' 2	4' 26	50	
6	8	10	12	25	37	50	2' 1" 2	15	27	40	38	2	26	..	
7	10	12	24" 15	48" 30	45	1' 37" 0	15	30	45	3' 14" 0	38	..	27	51	
9	12	15	17	35	52	10	27	45	2' 50" 2	20	39	3	27	..	
10	13	17	20	40	1' 13" 0	20	40	2' 26" 0	20	40	39	3	28	52	73°
11	16' 15	20' 19	22	45	7	30	52	15	37	3' 15" 0	3' 39	4' 4	4' 28	..	
12	17	21	25	50	15	40	2' 2" 5	30	55	20	40	4	29	53	
14	18	23	27	55	22	50	17	45	2' 51" 12	40	40	5	29	..	
15	20	25	24" 30	49" 0	30	1' 38" 0	30	2' 27" 0	30	3' 16" 0	..	5	..	54	
16	22	27	32	5	37	10	42	15	47	20	41	5	30	..	
17	16' 23	20' 29	35	10	45	20	55	30	2' 52" 5	40	3' 41	4' 6	4' 30	55	
19	25	31	37	15	52	30	2' 3" 7	45	22	3' 17" 0	42	6	31	..	
20	27	33	24" 40	20	1' 14" 0	40	20	2' 28" 0	40	20	42	7	31	56	74°
21	28	35	42	25	7	50	32	15	57	40	42	7	32	..	
22	30	37	45	49" 30	15	1' 39" 0	45	30	2' 53" 15	3' 18" 0	43	.	32	57	
24	16' 32	20' 40	47	35	22	10	57	45	32	20	3' 43	4' 8	4' 33	..	
25	33	42	50	40	30	20	2' 4" 10	2' 29" 0	50	40	..	8	33	58	
26	35	44	24" 52	45	37	30	22	15	2' 54" 7	3' 19" 0	44	9	34	..	
27	37	46	55	50	45	40	35	30	25	20	44	9	34	59	
29	38	48	57	55	52	50	47	45	42	40	45	10	35	..	
60m	Diff. pour 1s.		1"/12	1"/6	1"/4	1"/3	5"/12	1"/2	7"/12	2"/3	Secondes de degrés. = Diz. de secondes de temps. Diz. de sec. de temps.	[illegible]			
	Diff. diurne des pas.		2m	4m	6m										

	h. m.	13'	14'	15'	16'	17'	18'	19'	20'	21'	22'	23'	24'	25'	26'	27'	28'	29'	h. m. s.
30'	9 0	4' 52"	5' 15"	5' 37"	6' 0"	6' 22"	6' 45"	7' 7"	7' 30"	7' 52"	8' 15"	8' 37"	9' 0"	9' 23	9' 45"	10' 7"	10' 30"	10' 52":	4 7 30
37:	1	53	16	38	1	23	46	8	31	53	16	38	1	24	46	9	31	54	37
45	2	54	16	39	1	24	..	9	32	54	17	39	2	25	47	10	32	55	45
52:	3	54	17	39	2	25	47	10	..	55	18	40	3	26	48	11	33:	56	52
0	4	55	17	40	3	25	48	11	33	56	19	41	4	27	49	12	35	57	8 0
7:	5	4' 55	5' 18	5' 41	6' 3	6' 26	6' 49	7' 11	7' 34	7' 57	8' 20	8' 42	9' 5	9' 28	9' 50	10' 13	10' 36"	59	7
15	6	56	..	41	4	27	..	12	35	58	..	43	6	29	51:	14	37	11' 0	15
22:	7	56	19	42	5	27	50	13	36	59	21	44	7	30	53	15	38	1	22
30	8	57	20	..	5	28	51	14	37	..	22	45	8	31	54	16:	39	2	30
37:	9	4' 57	20	43	6	29	52	15	..	8' 0	23	46	9	32	55	18	40:	3	37
45	10	58	5' 21	5' 44	6' 7	6' 30	6' ..	7' 15	7' 38	1	8' 24	8' 47	9' 10	9' 33	9' 56	10' 19	10' 42	11' 5	45
52:	11	58	21	44	7	30	53	16	39	2	25	48	11	34	57	20	43	6	52
0	12	59	22	45	8	31	54	17	40	3	26	49	12	35	58	21	44	7	9 0
7:	13	5' 0	23	46	9	32	55	18	41	4	27	50	13	36	59	22	45	8	7
15	14	0	23	46	9	32	..	19	42	5	28	51	14	37	10' 0	23	46	9	15
22:	15	1	5' 24	5' 47	6' 10	6' 33	6' 56	7' 19	7' ..	8' 6	8' 29	8' 52	9' 15	9' 38	1	10' 24	10' 47:	11' 11	22
30	16	1	24	.	11	34	57	20	43	.	30	53	16	39	2	25:	49	12	30
37:	17	2	25	48	11	35	58	21	44	7	31	54	17	40	3	27	50	13	37
45	18	2	..	49	12	35	..	22	45	8	..	55	18	41	4	28	51	14	45
52:	19	5' 3	26	49	13	36	59	23	46	9	32	56	19	42	6	29	52	15	52
0	20	3	5' 27	5' 50	6' 13	6' 37	7' 0	7' 23	7' 47	8' 10	8' 33	57	9' 20	9' 43	10' 7	10' 30	10' 53	11' 17	10 0
7:	21	4	27	51	14	37	1	24	..	11	34	58	21	44	8	31	54	18	7
15	22	4	28	51	15	38	.	25	48	12	35	59	22	45	9	32	56	19	15
22:	23	5	28	52	15	39	2	26	49	13	36	9' 0	23	46	10	33	57	20	22
30	24	5' .	29	..	16	..	3	..	50	..	37	.	24	47	11	34	58	21	30
37:	25	6	5' 30	5' 53	6' 17	6' 40	7' 4	7' 27	7' 51	8' 14	8' 38	1	9' 25	9' 49	10' 12	10' 36	59	11' 23	37
45	26	7	30	54	17	41	.	28	52	15	39	2	26	50	13	37	11' 0	24	45
52:	27	7	31	54	18	42	5	29	..	16	40	3	27	51	14	38	1	25	52
0	28	8	31	55	19	42	6	30	53	17	41	4	28	52	15	39	3	26	11 0
7:	29	5' 8	32	56	19	43	7	30	54	18	42	5	29	53	16	40	4	28	7
15	30	9	5' ..	5' 56	6' 20	6' 44	7' .	7' 31	7' 55	8' 19	8' ..	9' 6	9' 30	9' 54	10' 17:	10' 41	11' 5	11' 29	15
22:	31	9	33	57	21	44	8	32	56	20	43	7	31	55	19	42	6	30	22
30	32	10	34	..	21	45	9	33	57	..	44	8	32	56	20	43:	7	31	30
37:	33	10	34	58	22	46	10	34	..	21	45	9	33	57	21	45	8:	32	37
45	34	5' 11	35	59	23	47	..	34	58	22	46	10	34	58	22	46	10	34	45
52:	35	11	5' 35	59	6' 23	6' 47	7' 11	7' 35	59	8' 23	8' 47	9' 11	9' 35	59	10' 23	10' 47	11' 11	11' 35	52
0	36	12	36	6' 0	24	48	12	36	8' 0	24	48	12	36	10' 0	24	48	12	36	12 0
7:	37	13	37	1	25	49	13	37	1	25	49	13	37	1	25	49	13	37	7
15	38	13	37	1	25	49	..	38	2	26	50	14	38	2	26	50	14	38	15
22:	39	5' 14	38	2	26	50	14	38	.	27	51	15	39	3	27	51	15:	40	22
30	40	14	5' 38	.	6' 27	6' 51	7' 15	7' 39	8' 3	8' ..	8' 52	9' 16	9' 40	10' 4	10' 28	10' 52:	11' 17	11' 41	30
37:	41	15	39	3	27	52	16	40	4	28	53	17	41	5	29	54	18	42	37
45	42	15	..	4	28	52	..	41	5	29	..	18	42	6	30:	55	19	43	45
52:	43	16	40	6' 4	29	53	17	42	6	30	54	19	43	7	32	56	20	44	52
0	44	5' 16	41	5	29	54	18	43	7	31	55	20	44	8	33	57	21	46	13 0
7:	45	17	5' 41	6	6' 30	6' 54	7' 19	7' 43	8' .	8' 32	8' 56	9' 21	9' 45	10' 9	10' 34	58	11' 22:	11' 47	7
15	46	17	42	6	31	55	..	44	8	33	57	22	46	10	35	59	24	48	15
22:	47	18	42	7	31	56	20	45	9	34	58	23	47	11	36	11' 0	25	49	22
30	48	..	43	.	32	.	21	..	10	..	59	..	48	12	37	1:	26	50:	30
37:	49	5' 19	44	6' 8	33	57	22	46	11	35	9' 0	24	49	14	38	3	27	52	37
45	50	20	5' 44	9	6' 33	6' 58	7' ..	7' 47	8' 12	8' 36	1	9' 25	9' 50	10' 15	10' 39	11' 4	11' 28	11' 53	45
52:	51	20	45	9	34	59	23	48	..	37	2	26	51	16	40	5	29:	54	52
0	52	21	45	10	35	59	24	49	13	38	3	27	52	17	41	6	31	55	14 0
7:	53	21	46	11	35	7' 0	25	49	14	39	4	28	53	18	42	7	32	57	7
15	54	5' 22	..	6' 11	36	1	..	50	15	40	5	29	54	19	43	8	33	58	15
22:	55	22	5' 47	12	6' 37	1	7' 26	7' 51	8' 16	8' 41	9' 5	9' 30	9' 55	10' 20	10' 45	11' 9	11' 34	59	22
30	56	23	48	..	37	2	27	52	17	..	6	31	56	21	46	10:	35	12' 0	30
37:	57	23	48	13	38	3	28	53	..	42	7	32	57	22	47	12	36:	1	37
45	58	24	49	14	39	4	..	53	18	43	8	33	58	23	48	13	38	3	45
52:	59	24	49	14	39	4	29	54	19	44	9	34	59	24	49	14	39	4	52
	[illegible]								40m	42m	44m	46m	48m	50m	52m	54m	56m	58m	Diff. pour 1s = 0".3

30'	40'	50'	1'	2'	3'	4'	5'	6'	7'	8'	9'	10'	11'	h. m.	
12' 30"	16' 40"	20' 50"	25" 0	50" 0	1' 15" 0	1' 40" 0	2' 5" 0	2' 30" 0	2' 55" 0	3' 20" 0	3' 45"	4' 10"	4' 35"	5' 0"	75°
31	42	52	2	5	7	10	12	15	17	20	45	10	35	.	
32	43	54	5	10	15	20	25	30	35	40	46	11	36	1	
34	45	56	7	15	22	30	37	45	52	3' 21" 0	46	11	36	.	
35	47	58	10	20	30	40	50	2' 31" 0	2' 56" 10	20	..	12	37	2	
12' 36	16' 48	21' 0	25" 12	25	37	50	2' 6" 2	15	27	40	3' 47	4' 12	4' 37	.	
37	50	2	15	50" 30	45	1' 41" 0	15	30	45	3' 22" 0	47	..	38	3	
39	52	5	17	35	52	10	27	45	2' 57" 2	20	48	13	38	.	
40	53	7	20	40	1' 16" 0	20	40	2' 32" 0	20	40	48	13	39	4	76°
41	55	9	22	45	7	30	52	15	37	3' 23" 0	48	14	39	.	
12' 42	57	21' 11	25" 25	50	15	40	2' 7" 5	30	55	20	3' 49	4' 14	4' 40	5	
44	58	13	27	55	22	50	17	45	2' 58" 12	40	49	15	40	.	
45	17' 0	15	30	51" 0	30	1' 42" 0	30	2' 33" 0	30	3' 24" 0	..	15	..	6	
46	2	17	32	5	37	10	42	15	47	20	50	15	41	.	
47	3	19	35	10	45	20	55	30	2' 59" 5	40	50	16	41	7	
12' 49	5	21' 21	25" 37	15	52	30	2' 8" 7	45	22	3' 25" 0	3' 51	4' 16	4' 42	.	
50	7	23	40	20	1' 17" 0	40	20	2' 34" 0	40	20	51	17	42	8	77°
51	8	25	42	25	7	50	32	15	57	40	51	17	43	.	
52	10	27	45	51" 30	15	1' 43" 0	45	30	3' 0" 15	3' 26" 0	52	..	43	9	
54	12	30	47	35	22	10	57	45	32	20	52	18	44	.	
12' 55	17' 13	21' 32	25" 50	40	30	20	2' 9" 10	2' 35" 0	50	40	3' ..	4' 18	4' 44	10	
56	15	34	52	45	37	30	22	15	3' 1" 7	3' 27" 0	53	19	45	..	
57	17	36	55	50	45	40	35	30	25	20	53	19	45	11	
59	18	38	57	55	52	50	47	45	42	40	54	20	46	..	
13' 0	20	40	26" 0	52" 0	1' 18" 0	1' 44" 0	2' 10" 0	2' 36" 0	3' 2" 0	3' 28" 0	54	20	46	12	78°
1	17' 22	21' 42	2	5	7	10	12	15	17	20	3' 54	4' 20	4' 46	..	
2	23	44	5	10	15	20	25	30	35	40	55	21	47	13	
4	25	46	7	15	22	30	37	45	52	3' 29" 0	55	21	47	..	
5	27	48	10	20	30	40	50	2' 37" 0	3' 3" 10	20	..	22	48	14	
6	28	50	12	25	37	50	2' 11" 2	15	27	40	56	22	48	..	
13' 7	17' 30	21' 52	26" 15	52" 30	45	1' 45" 0	15	30	45	3' 30" 0	3' 56	4' ..	4' 49	15	
9	32	55	17	35	52	10	27	45	3' 4" 2	20	57	23	49	..	
10	33	57	20	40	1' 19" 0	20	40	2' 38" 0	20	40	57	23	50	16	79°
11	35	59	22	45	7	30	52	15	37	3' 31" 0	57	24	50	..	
12	37	22' 1	25	50	15	40	2' 12" 5	30	55	20	58	24	51	17	
13' 14	17' 38	3	26" 27	55	22	50	17	45	3' 5" 12	40	3' 58	4' 25	4' 51	..	
15	40	5	30	53" 0	30	1' 46" 0	30	2' 39" 0	30	3' 32" 0	..	25	..	18	
16	42	7	32	5	37	10	42	15	47	20	59	25	52	..	
17	43	9	35	10	45	20	55	30	3' 6" 5	40	59	26	52	19	
19	45	11	37	15	52	30	2' 13" 7	45	22	3' 33" 0	4' 0	26	53	..	
13' 20	17' 47	22' 13	26" 40	20	1' 20" 0	40	20	2' 40" 0	40	20	0	4' 27	4' 53	20	80°
21	48	15	42	25	7	50	32	15	57	40	0	27	54	..	
22	50	17	45	53" 30	15	1' 47" 0	45	30	3' 7" 15	3' 34" 0	1	..	54	21	
24	52	20	47	35	22	10	57	45	32	20	1	28	55	..	
25	53	22	50	40	30	20	2' 14" 10	2' 41" 0	50	40	.	28	55	22	
13' 26	17' 55	22' 24	26" 52	45	37	30	22	15	3' 8" 7	3' 35" 0	4' 2	4' 29	4' 56	..	
27	57	26	55	50	45	40	35	30	25	20	2	30	56	23	
29	58	28	57	55	52	50	47	45	42	40	3	30	57	..	
30	18' 0	30	27" 0	54" 0	1' 21" 0	1' 48" 0	2' 15" 0	2' 42" 0	3' 9" 0	3' 36" 0	3	30	57	24	81°
31	2	32	2	5	7	10	12	15	17	20	3	32	57	..	
13' 32	3	22' 34	5	10	15	20	25	30	35	40	4' 4	4' 31	4' 58	25	
34	5	36	7	15	22	30	37	45	52	3' 37" 0	4	31	58	..	
35	7	38	10	20	30	40	50	2' 43" 0	3' 10" 10	20	.	32	59	26	
36	8	40	12	25	37	50	2' 16" 2	15	27	40	5	32	59	.	
37	10	42	27" 15	54" 30	45	1' 49" 0	15	30	45	3' 38" 0	5	..	5' 0	27	
13' 39	18' 12	22' 45	17	35	52	10	27	45	3' 11" 2	20	4' 6	4' 33	0	..	
40	13	47	20	40	1' 22" 0	20	40	2' 44" 0	20	40	6	33	1	28	82°
41	15	49	22	45	7	30	52	15	37	3' 39" 0	6	34	1	..	
42	17	51	25	50	15	40	2' 17" 5	30	55	20	7	34	2	29	
44	18	53	27	55	22	50	17	45	3' 12" 12	40	7	35	2	..	
60°	Diff. pour 1".		1"/12	1"/6	1"/4	1"/3	[illegible]	1"/2	[illegible]	2"/3	Secondes et degrés. = Dix. de secondes de temps. Dix. de sec. de temps.	[illegible]			
	Diff. diurne des pas.		2"	4"	6"										

PARTIES PROPORTIONNELLES.

	h. m.	13'	14'	15'	16'	17'	18'	19'	20'	21'	22'	23'	24'	25'	26'	27'	28'	29'	h. m.
0'	10 0	5' 25"	5' 50"	6' 15"	6' 40"	7' 5"	7' 30"	7' 55"	8' 20"	8' 45"	9' 10	9' 35	10' 0	10' 25	10' 50"	11' 15"	11' 40"	12' 5"	1 15
7:	1	26	51	16	41	6	31	56	21	46	11	36	1	26	51	16	41	6	
15	2	26	51	16	41	6	..	57	22	47	12	37	2	27	52	17	42	7	
22:	3	27	52	17	42	7	32	57	..	48	13	38	3	28	53	18	43:	9	
30	4	27	52	..	43	8	33	58	23	..	14	39	4	29	54	19:	45	10	
37:	5	5' 28	5' 53	6' 18	6' 43	7' 9	7' 34	59	8' 24	8' 49	9' 15	9' 40	10' 5	10' 30	10' 55	11' 21	11' 46	12' 11	
45	6	28	..	19	44	9	..	8' 0	25	50	..	41	6	31	56:	22	47	12	
52:	7	29	54	19	45	10	35	1	26	51	16	42	7	32	58	23	48	13	
0	8	29	55	20	45	11	36	1	27	52	17	43	8	33	59	24	49	15	16
7:	9	30	55	21	46	11	37	2	..	53	18	44	9	34	11' 0	25	50:	16	
15	10	5' 30	5' 56	6' 21	6' 47	7' 12	7' ..	3	8' 28	8' 54	9' 19	9' 45	10' 10	10' 35	1	11' 26	11' 52	12' 17	
22:	11	31	56	22	47	13	38	4	29	55	20	46	11	36	2	27	53	18	
30	12	..	57	..	48	..	39	..	30	..	21	..	12	37	3	28:	54	19:	
37:	13	32	58	23	49	14	40	8' 5	31	56	22	47	13	39	4	30	55	21	
45	14	33	58	24	49	15	..	6	32	57	23	48	14	40	5	31	56	22	
52:	15	5' 33	59	6' 24	6' 50	7' 16	7' 41	7	8' ..	58	9' 24	9' 49	10' 15	10' 41	11' 6	11' 32	57:	12' 23	
0	16	34	59	25	51	16	42	8	33	59	25	50	16	42	7	33	59	24	17
7:	17	34	6' 0	26	51	17	43	8	34	9' 0	26	51	17	43	8	34	12' 0	26	
15	18	35	.	26	52	18	..	9	35	1	..	52	18	44	9:	35	1	27	
22:	19	35	1	27	53	18	44	8' 10	36	2	27	53	19	45	11	36	2	28	
30	20	5' 36	2	6' ..	6' 53	7' 19	7' 45	11	8' 37	..	9' 28	9' 54	10' 20	10' 46	11' 12	11' 37:	12' 3	12' 29	
37:	21	36	2	28	54	20	46	12	..	3	29	55	21	47	13	39	4:	30	
45	22	37	3	29	55	21	..	12	38	4	30	56	22	48	14	40	6	32	
52:	23	37	6' 3	29	55	21	47	13	39	5	31	57	23	49	15	41	7	33	
0	24	38	4	30	56	22	48	8' 14	40	9' 6	32	58	24	50	16	42	8	34	18
7:	25	5' 39	5	6' 31	6' 57	7' 23	7' 49	15	8' 41	7	9' 33	59	10' 25	10' 51	11' 17	11' 43	12' 9	12' 35	
15	26	39	5	31	57	23	..	16	42	8	34	10' 0	26	52	18	44	10	36	
22:	27	40	6	32	58	24	50	16	..	9	35	1	27	53	19	45	11:	38	
30	28	40	6' 6	..	59	25	51	17	43	.	36	2	28	54	20	46:	13	39	
37:	29	41	7	33	59	26	52	8' 18	44	9' 10	37	3	29	55	21	48	14	40	
45	30	5' 41	.	6' 34	7' 0	7' 26	7' ..	19	8' 45	11	9' ..	10' 4	10' 30	10' 56	11' 22:	11' 49	12' 15	12' 41	
52:	31	42	8	34	1	27	53	20	46	12	38	5	31	57	24	50	16	42	
0	32	42	9	35	1	28	54	20	47	13	39	6	32	58	25	51	17	44	19
7:	33	43	6' 9	36	2	28	55	21	..	14	40	7	33	59	26	52	18:	45	
15	34	43	10	35	3	29	56	8' 22	48	9' 15	41	8	34	11' 0	27	53	20	46	
22:	35	5' 44	10	6' 37	7' 3	7' 30	7' 56	23	8' 49	16	9' 42	10' 9	10' 35	1	11' 28	11' 54	12' 21	12' 47	
30	36	..	11	..	4	..	57	..	50	..	43	..	36	2	29	55:	22	48:	
37:	37	45	12	38	5	31	58	24	51	17	44	10	37	4	30	57	23	50	
45	38	46	12	39	5	32	..	25	52	18	45	11	38	5	31	58	24	51	
52:	39	46	6' 13	39	6	33	59	8' 26	..	9' 19	46	12	39	6	32	59	25:	52	
0	40	5' 47	13	6' 40	7' 7	7' 33	8' 0	27	8' 53	20	9' 47	10' 13	10' 40	11' 7	11' 33	12' 0	12' 27	12' 53	20
7:	41	47	14	41	7	34	1	27	54	21	48	14	41	8	34	1	28	55	
15	42	48	..	41	8	35	.	28	55	22	..	15	42	9	35:	2	29	56	
22:	43	48	15	42	9	35	2	29	56	23	49	16	43	10	37	3	30	57	
30	44	49	6' 16	..	9	36	3	8' 30	57	9' ..	50	17	44	11	38	4:	31	58	
37:	45	5' 49	16	6' 43	7' 10	7' 37	8' 4	31	8' ..	24	9' 51	10' 18	10' 45	11' 12	11' 39	12' 6	12' 32:	59	
45	46	50	17	44	11	38	.	31	58	25	52	19	46	13	40	7	34	13' 1	
52:	47	50	17	44	11	38	5	32	59	26	53	20	47	14	41	8	35	2	
0	48	51	18	45	12	39	6	33	9' 0	27	54	21	48	15	42	9	36	3	21
7:	49	52	6' 19	46	13	40	7	8' 34	1	9' 28	55	22	49	16	43	10	37	4	
15	50	5' 52	19	6' 46	7' 13	7' 40	8' .	35	2	29	9' 56	10' 23	10' 50	11' 17	11' 44	12' 11	12' 38	13' 5	
22:	51	53	20	47	14	41	8	35	.	30	57	24	51	18	45	12	39:	7	
30	52	53	20	..	15	42	9	36	3	..	58	25	52	19	46	13:	41	8	
37:	53	54	21	48	15	43	10	37	4	31	59	26	53	20	47	15	42	9	
45	54	54	6' ..	49	16	43	..	8' 38	9' 5	9' 32	..	27	54	21	48:	16	43	10	
52:	55	5' 55	22	6' 49	7' 17	7' 44	8' 11	39	6	33	10' 0	10' 28	10' 55	11' 22	11' 50	12' 17	12' 44	13' 11	
0	56	55	23	50	17	45	12	39	7	34	1	29	56	23	51	18	45	13	22
7:	57	56	23	51	18	45	13	40	.	35	2	30	57	24	52	19	46:	14	
15	58	56	24	51	19	46	..	41	8	36	3	31	58	25	53	20	48	15	
22:	59	57	24	52	19	47	14	42	9	37	4	32	59	26	54	21	49	16	
	[illegible]								40"	42"	44"	46"	48"	50"	52"	54"	56"	58"	Diff. 1' =

30'	40'	50'	1'	2'	3'	4'	5'	6'	7'	8'	9'	10'	11'	h. m.	
13' 45"	18' 20"	22' 55"	27" 30"	35" 0	1' 22" 30	1' 50" 0	2' 17" 30	2' 45" 0	3' 12" 30	3' 40" 0	4' 7"	4' 33"	5' 2"	5' 30"	82°
46	22	57	32	5	37	10	42	15	42	20	8	35	3	..	
47	23	59	35	10	45	20	55	30	3' 13" 5	40	8	36	3	31	
49	25	23' 1	37	15	52	30	2' 18" 7	45	22	3' 41" 0	9	36	4	..	
50	27	3	40	20	1' 23" 0	40	20	2' 46" 0	40	20	9	37	4	32	83°
13' 51	18' 28	5	42	25	7	50	32	15	57	40	4' 9	4' 37	5' 5	..	
52	30	7	27" 45	35" 30	15	1' 51" 0	45	30	3' 14" 15	3' 42" 0	10	..	5	33	
54	32	10	47	35	22	10	57	45	32	20	10	38	6	..	
55	33	12	50	40	30	20	2' 19" 10	2' 47" 0	50	40	..	38	6	34	
56	35	14	52	45	37	30	22	15	3' 15" 7	3' 43" 0	11	39	7	..	
57	18' 37	23' 16	55	50	45	40	35	30	25	20	4' 11	4' 39	5' 7	35	
59	38	18	57	55	52	50	47	45	42	40	12	40	8	..	
14' 0	40	20	28" 0	36" 0	1' 24" 0	1' 52" 0	2' 20" 0	2' 48" 0	3' 16" 0	3' 44" 0	12	40	8	36	84°
1	42	22	2	5	7	10	12	15	17	20	12	40	8	..	
2	43	24	5	10	15	20	25	30	35	40	13	41	9	37	
4	18' 45	23' 26	7	15	22	30	37	45	52	3' 45" 0	4' 13	4' 41	5' 9	..	
5	47	28	10	20	30	40	50	2' 49" 0	3' 17" 10	20	..	42	10	38	
6	48	30	28" 12	25	37	50	2' 21" 2	15	27	40	14	42	10	..	
7	50	32	15	36" 30	45	1' 53" 0	15	30	45	3' 46" 0	14	..	11	39	
9	52	35	17	35	52	10	27	45	3' 18" 2	20	15	43	11	..	
14' 10	18' 53	23' 37	20	40	1' 25" 0	20	40	2' 50" 0	20	40	4' 15	4' 43	5' 12	40	85°
11	55	39	22	45	7	30	52	15	37	3' 47" 0	15	44	12	..	
12	57	41	28" 25	50	15	40	2' 22" 5	30	55	20	16	44	13	41	
14	58	43	27	55	22	50	17	45	3' 19" 12	40	16	45	13	..	
15	19' 0	45	30	37" 0	30	1' 54" 0	30	2' 51" 0	30	3' 48" 0	..	45	..	42	
14' 16	2	23' 47	32	5	37	10	42	15	47	20	4' 17	4' 45	5' 14	..	
17	3	49	35	10	45	20	55	30	3' 20" 5	40	17	46	14	43	
19	5	51	28" 37	15	52	30	2' 23" 7	45	22	3' 49" 0	18	46	15	..	
20	7	53	40	20	1' 26" 0	40	20	2' 52" 0	40	20	18	47	15	44	86°
21	8	55	42	25	7	50	32	15	57	40	18	47	16	..	
14' 22	19' 10	57	28" 45	37" 30	15	1' 55" 0	45	30	3' 21" 15	3' 50" 0	4' 19	4' ..	5' 16	45	
24	12	24' 0	47	35	22	10	57	45	32	20	19	48	17	..	
25	13	2	50	40	30	20	2' 24" 10	2' 53" 0	50	40	..	48	17	46	
26	15	4	52	45	37	30	22	15	3' 22" 7	3' 51" 0	20	49	18	..	
27	17	6	55	50	45	40	35	30	25	20	20	49	18	47	
14' 29	19' 18	24' 8	57	55	52	50	47	45	42	40	4' 21	4' 50	5' 19	..	
30	20	10	29" 0	38" 0	1' 27" 0	1' 56" 0	2' 25" 0	2' 54" 0	3' 23" 0	3' 52" 0	21	50	19	48	87°
31	22	12	2	5	7	10	12	15	17	20	21	50	19	..	
32	23	14	5	10	15	20	25	30	35	40	22	51	20	49	
34	25	16	7	15	22	30	37	45	52	3' 53" 0	22	51	20	..	
14' 35	19' 27	24' 18	10	20	30	40	50	2' 55" 0	3' 24" 10	20	4' ..	4' 52	5' 21	50	
36	28	20	12	25	37	50	2' 26" 2	15	27	40	23	52	21	..	
37	30	22	15	38" 30	45	1' 57" 0	15	30	45	3' 54" 0	23	..	22	51	
39	32	25	29" 17	35	52	10	27	45	3' 25" 2	20	24	53	22	..	
40	33	27	20	40	1' 28" 0	20	40	2' 56" 0	20	40	24	53	23	52	88°
14' 41	19' 35	24' 29	22	45	7	30	52	15	37	3' 55" 0	4' 24	4' 54	5' 23	..	
42	37	31	25	50	15	40	2' 27" 5	30	55	20	25	54	24	53	
44	38	33	27	55	22	50	17	45	3' 26" 12	40	25	55	24	..	
45	40	35	30	39" 0	30	1' 58" 0	30	2' 57" 0	30	3' 56" 0	..	55	..	54	
46	42	37	29" 32	5	37	10	42	15	47	20	26	55	25	..	
14' 47	19' 43	24' 39	35	10	45	20	55	30	3' 27" 5	40	4' 26	4' 56	5' 25	55	
49	45	41	37	15	52	30	2' 28" 7	45	22	3' 57" 0	27	56	26	..	
50	47	43	40	20	1' 29" 0	40	20	2' 58" 0	40	20	27	57	26	56	89°
51	48	45	42	25	7	50	32	15	57	40	27	57	27	..	
52	50	47	45	39" 30	15	1' 59" 0	45	30	3' 28" 15	3' 58" 0	28	..	27	57	
14' 54	19' 52	24' 50	29" 47	35	22	10	57	45	32	20	4' 28	4' 58	5' 28	..	
55	53	52	50	40	30	20	2' 29" 10	2' 59" 0	50	40	..	58	28	58	
56	55	54	52	45	37	30	22	15	3' 29" 7	3' 59" 0	29	59	29	..	
57	57	56	55	50	45	40	35	30	25	20	29	59	29	59	
59	58	58	57	55	52	50	47	45	42	40	30	5' 0	30	..	
60m	Diff. pour 1°.		1"/12	1"/6	1"/4	1"/3	5"/12	1"/2	7"/12	2"/3	Secondes de degrés = Dix. de secondes de temps.	[illegible]			
	Diff. diurne des pas.		2m	4m	6m						Dix. de sec. de temps.	[illegible]			

	h. m.	13'	14'	15'	16'	17'	18'	19'	20'	21'	22'	23'	24'	25'	26'	27'	28'	29'	h. m. s.
30"	11 0	5' 57"	6' 25	6' 52	7' 20	7' 47	8' 15	8' 42	9' 10	9' 37	10' 5	10' 32	11' 0	11' 28	11' 55	12' 22	12' 50	13' 17	1. 22 30
37½	1	58	26	53	21	48	16	43	11	38	6	33	1	29	56	24	51	19	37½
45	2	59	26	54	21	49	..	44	12	39	7	34	2	30	57	25	52	20	45
52½	3	59	27	54	22	50	17	45	..	40	8	35	3	31	58	26	53	21	52½
0	4	6' 0	27	55	23	50	18	46	13	41	9	36	4	32	59	27	55	22	23 0
7½	5	0	6' 28	56	7' 23	7' 51	8' 19	8' 46	9' 14	9' 42	10' 10	10' 37	11' 5	11' 33	12' 0	12' 28	12' 56	13' 24	7½
15	6	1	..	56	24	52	20	47	15	43	..	38	6	34	1	29	57	25	15
22½	7	1	29	6' 57	25	52	..	48	16	44	11	39	7	35	3	30	58	26	22½
30	8	2	30	..	25	53	21	49	17	..	12	40	8	36	4	31	59	27	30
37½	9	2	30	58	26	54	22	50	..	45	13	41	9	37	5	33	13' 0	28	37½
45	10	6' 3	6' 31	59	7' 27	55	8' ..	8' 50	9' 18	9' 46	10' 14	10' 42	11' 10	11' 38	12' 6	12' 34	2	13' 30	45
52½	11	3	31	59	27	7' 55	23	51	19	47	15	43	11	39	7	35	3	31	52½
0	12	4	32	7' 0	28	56	24	52	20	48	16	44	12	40	8	36	4	32	24 0
7½	13	5	33	1	29	57	25	53	21	49	17	45	13	41	9	37	5	33	7½
15	14	5	33	1	29	57	..	54	22	50	18	46	14	42	10	38	6	34	15
22½	15	6' 6	6' 34	7' 2	7' 30	58	8' 26	8' 54	9' ..	9' 51	10' 19	10' 47	11' 15	11' 43	12' 11	12' 39	13' 7	13' 36	22½
30	16	6	34	..	31	59	27	55	23	..	20	48	16	44	12	40	9	37	30
37½	17	7	35	3	31	8' 0	28	56	24	52	21	49	17	45	13	41	10	38	37½
45	18	7	..	7' 4	32	0	..	57	25	53	..	50	18	46	14	43	11	39	45
52½	19	8	36	4	33	1	29	58	26	54	22	51	19	47	15	44	12	40	52½
0	20	6' 8	6' 37	5	7' 33	2	8' 30	58	9' 27	9' 55	10' 23	52	11' 20	11' 48	12' 17	12' 45	13' 13	13' 42	25 0
7½	21	9	37	6	34	3	31	59	..	56	24	53	21	49	18	46	14	43	7½
15	22	9	38	6	35	3	..	9' 0	28	57	25	10' 54	22	50	19	47	16	44	15
22½	23	10	38	7	35	8' 4	32	1	29	58	26	55	23	51	20	48	17	45	22½
30	24	..	39	7' ..	36	..	33	..	30	..	27	..	24	52	21	49	18	46	30
37½	25	6' 11	6' 40	8	7' 37	5	8' 34	2	9' 31	59	10' 28	56	11' 25	11' 54	12' 22	12' 51	13' 19	13' 48	37½
45	26	12	40	9	37	6	..	3	32	10' 0	29	57	26	55	23	52	20	49	45
52½	27	12	41	9	38	7	35	4	..	1	30	58	27	56	24	53	21	50	52½
0	28	13	41	10	39	7	36	9' 5	33	2	31	59	28	57	25	54	23	51	26 0
7½	29	13	42	7' 11	39	8' 8	37	5	34	3	32	11' 0	29	58	26	55	24	53	7½
15	30	6' 14	6' ..	11	7' 40	9	8' ..	6	9' 35	4	10' ..	1	11' 30	59	12' 27	12' 56	13' 25	13' 54	15
22½	31	14	43	12	41	9	38	7	36	5	33	2	31	12' 0	29	57	26	55	22½
30	32	15	44	..	41	10	39	8	37	10' ..	34	3	32	1	30	58	27	56	30
37½	33	15	45	13	42	11	40	9	..	6	35	4	33	2	31	13' 0	28	57	37½
45	34	16	45	7' 14	43	8' 12	..	9' 9	38	7	36	11' 5	34	3	32	1	30	59	45
52½	35	6' 16	6' 45	14	7' 43	12	8' 41	10	9' 39	8	10' 37	6	11' 35	12' 4	12' 33	13' 2	13' 31	14' 0	52½
0	36	17	46	15	44	13	42	11	40	9	38	7	36	5	34	3	32	1	27 0
7½	37	18	47	16	45	14	43	12	41	10' 10	39	8	37	6	35	4	33	2	7½
15	38	18	47	16	45	14	..	13	42	11	40	9	38	7	36	5	34	3	15
22½	39	19	48	7' 17	46	8' 15	44	9' 13	..	12	41	10	39	8	37	6	35	5	22½
30	40	6' 19	6' 48	..	7' 47	16	8' 45	14	9' 43	..	10' 42	11' 11	11' 40	12' 9	12' 38	13' 7	13' 37	14' 6	30
37½	41	20	49	18	47	17	46	15	44	13	43	12	41	10	39	9	38	7	37½
45	42	20	..	19	48	17	..	16	45	14	..	13	42	11	40	10	39	8	45
52½	43	21	50	19	49	18	47	17	46	10' 15	44	14	43	12	42	11	40	9	52½
0	44	21	51	7' 20	49	8' 19	48	9' 17	47	16	45	15	44	13	43	12	41	11	28 0
7½	45	6' 22	6' 51	21	7' 50	19	8' 49	18	9' ..	17	10' 46	11' 16	11' 45	12' 14	12' 44	13' 13	13' 42	14' 12	7½
15	46	22	52	21	51	20	..	19	48	18	47	17	46	15	45	14	44	13	15
22½	47	23	52	22	51	21	50	20	49	19	48	18	47	16	46	15	45	14	22½
30	48	..	53	..	52	..	51	..	50	10' ..	49	..	48	17	47	16	46	15	30
37½	49	24	54	7' 23	53	8' 22	52	9' 21	51	20	50	19	49	19	48	18	47	17	37½
45	50	6' 25	6' 54	24	7' 53	23	8' ..	22	9' 52	21	10' 51	11' 20	11' 50	12' 20	12' 49	13' 19	13' 48	14' 18	45
52½	51	25	55	24	54	24	53	23	..	22	52	21	51	21	50	20	49	19	52½
0	52	26	55	25	55	24	54	24	53	23	53	22	52	22	51	21	51	20	29 0
7½	53	26	56	26	55	25	55	24	54	10' 24	54	23	53	23	52	22	52	22	7½
15	54	27	..	26	56	8' 26	..	9' 25	55	25	..	24	54	24	53½	23	53	23	15
22½	55	6' 27	6' 57	7' 27	7' 57	26	8' 56	26	9' 56	26	10' 55	11' 25	11' 55	12' 25	12' 55	13' 24	13' 54	14' 24	22½
30	56	28	58	..	57	27	57	27	57	..	56	26	56	26	56	25	55	25	30
37½	57	28	58	28	58	28	58	28	..	27	57	27	57	27	57	27	56	26	37½
45	58	29	59	29	59	29	..	28	58	28	58	28	58	28	58	28	58	28	45
52½	59	29	59	29	59	29	59	29	59	29	59	29	59	29	59	29	59	29	52½
[illegible]									40m	42m	44m	46m	48m	50m	52m	54m	56m	58m	Diff. pour 1° = 0".3

30'	40'	50'	1'	2'	3'	4'	5'	6'	7'	8'	9'	10'	11'	h. m.	
15' 0"	20' 0"	25' 0"	30" 0	1' 0" 0	1' 30" 0	2' 0" 0	2' 30" 0	3' 0" 0	3' 30" 0	4' 0" 0	4' 30"	5' 0"	5' 30"	6' 0"	90°
1	2	2	2	5	7	10	12	15	17	20	30	0	30	.	
2	3	4	5	10	15	20	25	30	35	40	31	1	31	1	
4	5	6	7	15	22	30	37	45	52	4' 1" 0	31	1	31	.	
5	7	8	10	20	30	40	50	3' 1" 0	3' 31" 10	20	..	2	32	2	
15' 6	20' 8	25' 10	30" 12	25	37	50	2' 31" 2	15	27	40	4' 32	5' 2	5' 32	.	
7	10	12	15	1' 0" 30	45	2' 1" 0	15	30	45	4' 2" 0	32	.	33	3	
9	12	15	17	35	52	10	27	45	3' 32" 2	20	33	3	33	.	
10	13	17	20	40	1' 31" 0	20	40	3' 2" 0	20	40	33	3	34	4	91°
11	15	19	22	45	7	30	52	15	37	4' 3" 0	33	4	34	.	
15' 12	20' 17	25' 21	30" 25	50	15	40	2' 32" 5	30	55	20	4' 34	5' 4	5' 35	5	
14	18	23	27	55	22	50	17	45	3' 33" 12	40	34	5	35	.	
15	20	25	30	1' 1" 0	30	2' 2" 0	30	3' 3" 0	30	4' 4" 0	..	5	..	6	
16	22	27	32	5	37	10	42	15	47	20	35	5	36	.	
17	23	29	35	10	45	20	55	30	3' 34" 5	40	35	6	36	7	
15' 19	20' 25	25' 31	30" 37	15	52	30	2' 33" 7	45	22	4' 5" 0	4' 36	5' 6	5' 37	.	
20	27	33	40	20	1' 32" 0	40	20	3' 4" 0	40	20	36	7	37	8	92°
21	28	35	42	25	7	50	32	15	57	40	36	7	38	.	
22	30	37	45	1' 1" 30	15	2' 3" 0	45	30	3' 35" 15	4' 6" 0	37	.	38	9	
24	32	40	47	35	22	10	57	45	32	20	37	8	39	.	
15' 25	20' 33	25' 42	30" 50	40	30	20	2' 34" 10	3' 5" 0	50	40	4' ..	5' 8	6' 39	10	
26	35	44	52	45	37	30	22	15	3' 36" 7	4' 7" 0	38	9	40	..	
27	37	46	55	50	45	40	35	30	25	20	38	9	40	11	
29	38	48	57	55	52	50	47	45	42	40	39	10	41	..	
30	40	50	31" 0	1' 2" 0	1' 33" 0	2' 4" 0	2' 35" 0	3' 6" 0	3' 37" 0	4' 8" 0	39	10	41	12	93°
15' 31	20' 42	25' 52	2	5	7	10	12	15	17	20	4' 39	5' 10	5' 41	..	
32	43	54	5	10	15	20	25	30	35	40	40	11	42	13	
34	45	56	7	15	22	30	37	45	52	4' 9" 0	40	11	42	..	
35	47	58	10	20	30	40	50	3' 7" 0	3' 38" 10	20	..	12	43	14	
36	48	26' 0	31" 12	25	37	50	2' 36" 2	15	27	40	41	12	43	..	
15' 37	20' 50	2	15	1' 2" 30	45	2' 5" 0	15	30	45	4' 10" 0	4' 41	5' ..	5' 44	15	
39	52	5	17	35	52	10	27	45	3' 39" 2	20	42	13	44	..	
40	53	7	20	40	1' 34" 0	20	40	3' 8" 0	20	40	42	13	45	16	94°
41	55	9	22	45	7	30	52	15	37	4' 11" 0	42	14	45	..	
42	57	11	31" 25	50	15	40	2' 37" 5	30	55	20	43	14	46	17	
15' 44	58	26' 13	27	55	22	50	17	45	3' 40" 12	40	4' 43	5' 15	5' 46	..	
45	21' 0	15	30	1' 3" 0	30	2' 6" 0	30	3' 9" 0	30	4' 12" 0	..	15	..	18	
46	2	17	32	5	37	10	42	15	47	20	44	15	47	..	
47	3	19	35	10	45	20	55	30	3' 41" 5	40	44	16	47	19	
49	5	21	31" 37	15	52	30	2' 38" 7	45	22	4' 13" 0	45	16	48	..	
15' 50	21' 7	26' 23	40	20	1' 35" 0	40	20	3' 10" 0	40	20	4' 45	5' 17	5' 48	20	95°
51	8	25	42	25	7	50	32	15	57	40	45	17	49	..	
52	10	27	45	1' 3" 30	15	2' 7" 0	45	30	3' 42" 15	4' 14" 0	46	..	49	21	
54	12	30	47	35	22	10	57	45	32	20	46	18	50	..	
55	13	32	31" 50	40	30	20	2' 39" 10	3' 11" 0	50	40	..	18	50	22	
56	21' 15	26' 34	52	45	37	30	22	15	3' 43" 7	4' 15" 0	4' 47	5' 19	5' 51	..	
57	17	36	55	50	45	40	35	30	25	20	47	19	51	23	
59	18	38	57	55	52	50	47	45	42	40	48	20	52	..	
16' 0	20	40	32" 0	1' 4" 0	1' 36" 0	2' 8" 0	2' 40" 0	3' 12" 0	3' 44" 0	4' 16" 0	48	20	52	24	96°
1	22	42	2	5	7	10	12	15	17	20	48	20	52	..	
2	21' 23	26' 44	5	10	15	20	25	30	35	40	4' 49	5' 21	5' 53	25	
4	25	46	7	15	22	30	37	45	52	4' 17" 0	49	21	53	..	
5	27	48	10	20	30	40	50	3' 13" 0	3' 45" 10	20	..	22	54	26	
6	28	50	12	25	37	50	2' 41" 2	15	27	40	50	22	54	..	
7	30	52	32" 15	1' 4" 30	45	2' 9" 0	15	30	45	4' 18" 0	50	..	55	27	
16' 9	21' 32	55	17	35	52	10	27	45	3' 46" 2	20	4' 51	5' 23	5' 55	..	
10	33	57	20	40	1' 37" 0	20	40	3' 14" 0	20	40	51	23	56	28	97°
11	35	59	22	45	7	30	52	15	37	4' 19" 0	51	24	56	..	
12	37	27' 1	25	50	15	40	2' 42" 5	30	55	20	52	24	57	29	
14	38	3	27	55	22	50	17	45	3' 47" 12	40	52	25	57	..	

60m	Diff. pour 1s.	1"/12	1"/6	1"/4	1"/3	5"/12	1"/2	7"/12	2"/3	Secondes de degrés. = Dix. de secondes de temps.	[illegible]
	Diff. diurne des pas.	2m	4m	6m						Dix. de sec. de temps.	[illegible]

	h. m.	13'	14'	15'	16'	17'	18'	19'	20'	21'	22'	23'	24'	25'	26'	27'	28'	29'	h. m. s.
0	12 0	6' 30"	7' 0"	7' 30"	8' 0"	8' 30"	9' 0"	9' 30	10' 0	10' 30	11' 0	11' 30	12' 0	12' 30	13' 0"	13' 30"	14' 0"	14' 30"	1 30
7:	1	31	1	31	1	31	1	31	1	31	1	31	1	31	1	31	1	31	
15	2	31	1	31	1	31	.	32	2	32	2	32	2	32	2	32	2	32	15
22:	3	32	2	32	2	32	2	32	.	33	3	33	3	33	3	33	3:	34	22
30	4	32	2	..	3	33	3	33	3		4	34	4	34	4	34:	5	35	30
37:	5	6' 33	7' 3	7' 33	8' 3	8' 34	9' 4	9' 34	10' 4	10' 34	11' 5	11' 35	12' 5	12' 35	13' 5	13' 36	14' 6	14' 36	37
45	6	33	.	34	4	34	.	35	5	35	.	36	6	36	6:	37	7	37	45
52:	7	34	4	34	5	35	5	36	6	36	6	37	7	37	8	38	8	38	52
0	8	34	5	35	5	36	6	36	7	37	7	38	8	38	9	39	9	40	31 0
7:	9	35	5	36	6	36	7	37	.	38	8	39	9	39	10	40	10:	41	7
15	10	6' 35	7' 6	7' 36	8' 7	8' 37	9' .	9' 38	10' 8	10' 39	11' 9	11' 40	12' 10	12' 40	13' 11	13' 41	14' 12	14' 42	15
22:	11	36	6	37	7	38	8	39	9	40	10	41	11	41	12	42	13	43	22
30	12	..	7	..	8	..	9	..	10	..	11	..	12	42	13	43:	14	44:	30
37:	13	37	8	38	9	39	10	40	11	41	12	42	13	44	14	45	15	46	37
45	14	38	8	39	9	40	..	41	12	42	13	43	14	45	15	46	16	47	45
52:	15	6' 38	7' 9	7' 39	8' 10	8' 41	9' 11	9' 42	10' ..	10' 43	11' 14	11' 44	12' 15	12' 46	13' 16	13' 47	14' 17:	14' 48	52
0	16	39	9	40	11	41	12	43	13	44	15	45	16	47	17	48	19	49	32 0
7:	17	39	10	41	11	42	13	43	14	45	16	46	17	48	18	49	20	51	7
15	18	40	..	41	12	43	..	44	15	46	..	47	18	49	19:	50	21	52	15
22:	19	40	11	42	13	43	14	45	16	47	17	48	19	50	21	51	22	53	22
30	20	6' 41	7' 12	7' ..	8' 13	8' 44	9' 15	9' 46	10' 17	10' ..	11' 18	11' 49	12' 20	12' 51	13' 22	13' 52:	14' 23	14' 54	30
37:	21	41	12	43	14	45	16	47	..	48	19	50	21	52	23	54	24:	55	37
45	22	42	13	44	15	46	..	47	18	49	20	51	22	53	24	55	26	57	45
52:	23	42	13	44	15	46	17	48	19	50	21	52	23	54	25	56	27	58	52
0	24	43	14	45	16	47	18	49	20	51	22	53	24	55	26	57	28	59	33 0
7:	25	6' 44	7' 15	7' 46	8' 17	8' 48	9' 19	9' 50	10' 21	10' 52	11' 23	11' 54	12' 25	12' 56	13' 27	58	14' 29	15' 0	7
15	26	44	15	46	17	48	..	51	22	53	24	55	26	57	28	59	30	1	15
22:	27	45	16	47	18	49	20	51	..	54	25	56	27	58	29	14' 0	31:	3	22
30	28	45	16	..	19	50	21	52	23	..	26	57	28	59	30	1:	33	4	30
37:	29	46	17	48	19	51	22	53	24	55	27	58	29	13' 0	31	3	34	5	37
45	30	6' 46	7' ..	7' 49	8' 20	8' 51	9' ..	9' 54	10' 25	10' 56	11' ..	59	12' 30	1	13' 32:	14' 4	14' 35	15' 6	45
52:	31	47	18	49	21	52	23	55	26	57	28	12' 0	31	2	34	5	36	7	52
0	32	47	19	50	21	53	24	55	27	58	29	1	32	3	35	6	37	9	34 0
7:	33	48	19	51	22	53	25	56	..	59	30	2	33	4:	36	7	38:	10	7
15	34	48	20	51	23	54	..	57	28	11' 0	31	3	34	5	37	8	40	11	15
22:	35	6' 49	7' 20	7' 52	8' 23	8' 55	9' 26	9' 58	10' 29	1	11' 32	12' 4	12' 35	13' 6	13' 38	14' 9	14' 41	15' 12	22
30	36	..	21		24	..	27	..	30	:	33		36	7	39	10:	42	13:	30
37:	37	50	22	53	25	56	28	59	31	2	34	5	37	9	40	12	43	15	37
45	38	51	22	54	25	57	..	10' 0	32	3:	35	6	38	10	41	13	44	16	45
52:	39	51	23	54	26	58	29	1	..	4	36	12' 7	39	11	42	14	45:	17	52
0	40	6' 52	7' 23	7' 55	8' 27	58	9' 30	2	10' 33	11' 5	11' 37	8	12' 40	13' 12	13' 43	14' 15	14' 47	15' 18	35 0
7:	41	52	24	56	27	59	31	2	34	6	38	9	41	13	44	16	48	20	7
15	42	53	..	56	28	9' 0	..	3	35	7	..	10	42	14	45:	17	49	21	15
22:	43	53	25	57	29	0	32	4	36	8	39	11	43	15	47	18	50	22	22
30	44	54	26	..	29	1	33	10' 5	37	.	40	12' 12	44	16	48	19:	51	23	30
37:	45	6' 54	7' 26	7' 58	8' 30	2	9' 34	6	10' ..	11' 9	11' 41	13	12' 45	13' 17	13' 49	14' 21	14' 52:	15' 24	37
45	46	55	27	59	31	3	..	6	38	10	42	14	46	18	50	22	54	26	45
52:	47	55	27	59	31	3	35	7	39	11	43	15	47	19	51	23	55	27	52
0	48	56	28	8' 0	32	4	36	8	40	12	44	16	48	20	52	24	56	28	36 0
7:	49	57	29	1	33	9' 5	37	10' 9	41	13	45	12' 17	49	21	53	25	57	29	7
15	50	6' 57	7' 29	1	8' 33	5	9' ..	10	10' 42	11' 14	11' 46	18	12' 50	13' 22	13' 54	14' 26	58	15' 30	15
22:	51	58	30	2	34	6	38	10	..	15	47	19	51	23	55	27	59:	32	22
30	52	58	30	.	35	7	39	11	43	..	48	20	52	24	56	28:	15' 1	33	30
37:	53	59	31	3	35	8	40	12	44	16	49	21	53	25	57	30	2	34	37
45	54	59	..	8' 4	36	9' 8	..	10' 13	45	17	..	12' 22	54	26	58:	31	3	35	45
52:	55	7' 0	7' 32	4	8' 37	9	9' 41	14	10' 46	11' 18	11' 50	23	12' 55	13' 27	14' 0	14' 32	15' 4	15' 36	52
0	56	0	33	5	37	10	42	14	47	19	51	24	56	28	1	33	5	38	37 0
7:	57	1	33	6	38	10	43	15	..	20	52	25	57	29	2	34	6:	39	7
15	58	1	34	6	39	11	..	16	48	21	53	26	58	30	3	35	8	40	15
22:	59	2	34	7	39	12	44	17	49	22	54	27	59	31	4	36	9	41	22

[illegible]	40m	42m	44m	46m	48m	50m	52m	54m	56m	58m	Diff. pour 1s = 0"

30'	40'	50'	1'	2'	3'	4'	5'	6'	7'	8'	9'	10'	11'	h. m.	
15	21' 40	27' 5	32" 30	1' 5" 0	1' 37" 30	2' 10" 0	2' 42" 30	3' 15" 0	3' 47" 30	4' 20" 0	4' 52	5' 25	5' 57	6' 30	
16	42	7	32	5	37	10	42	15	47	20	53	25	58	..	
17	43	9	35	10	45	20	55	30	3' 48" 5	40	53	26	58	31	
19	45	11	37	15	52	30	2' 43" 7	45	22	4' 21" 0	54	26	59	..	
20	47	13	40	20	1' 38" 0	40	20	3' 16" 0	40	20	54	27	59	32	98°
21	21' 48	27' 15	42	25	7	50	32	15	57	40	4' 54	5' 27	6' 0"	..	
22	50	17	45	1' 5" 30	15	2' 11" 0	45	30	3' 49" 15	4' 22" 0	55	..	0	33	
24	52	20	32" 47	35	22	10	57	45	32	20	55	28	1	..	
25	53	22	50	40	30	20	2' 44" 10	3' 17" 0	50	40	..	28	1	34	
26	55	24	52	45	37	30	22	15	3' 50" 7	4' 23" 0	56	29	2	..	
27	57	27' 26	55	50	45	40	35	30	25	20	4' 56	5' 29	6' 2	35	
29	58	28	57	55	52	50	47	45	42	40	57	30	3	..	
30	22' 0	30	33" 0	1' 6" 0	1' 39" 0	2' 12" 0	2' 45" 0	3' 18" 0	3' 51" 0	4' 24" 0	57	30	3	36	99°
31	2	32	2	5	7	10	12	15	17	20	57	30	3	..	
32	3	34	5	10	15	20	25	30	35	40	58	31	4	37	
34	22' 5	27' 36	7	15	22	30	37	45	52	4' 25" 0	4' 58	5' 31	6' 4	..	
35	7	38	10	20	30	40	50	3' 19" 0	3' 52" 10	20	..	32	5	38	
36	8	40	12	25	37	50	2' 46" 2	15	25	40	59	32	5	..	
37	10	42	33" 15	1' 6" 30	45	2' 13" 0	15	30	45	4' 26" 0	59	..	6	39	
39	12	45	17	35	52	10	27	45	3' 53" 2	20	5' 0	33	6	..	
40	22' 13	27' 47	20	40	1' 40" 0	20	40	3' 20" 0	20	40	0	5' 33	6' 7	40	100°
41	15	49	22	45	7	30	52	15	37	4' 27" 0	0	34	7	..	
42	17	51	25	50	15	40	2' 47" 5	30	55	20	1	34	8	41	
44	18	53	33" 27	55	22	50	17	45	3' 54" 12	40	1	35	8	..	
45	20	55	30	1' 7" 0	30	2' 14" 0	30	3' 21" 0	30	4' 28" 0	5' .	35	.	42	
46	22' 22	57	32	5	37	10	42	15	47	20	2	5' 35	6' 9	..	
47	23	59	35	10	45	20	55	30	3' 55" 5	40	2	36	9	43	
49	25	28' 1	37	15	52	30	2' 48" 7	45	22	4' 29" 0	3	36	10	..	
50	27	3	33" 40	20	1' 41" 0	40	20	3' 22" 0	40	20	3	37	10	44	101°
51	28	5	42	25	7	50	32	15	57	40	5' 3	37	11	..	
52	22' 30	28' 7	45	1' 7" 30	15	2' 15" 0	45	30	3' 56" 15	4' 30" 0	4	5' ..	6' 11	45	
54	32	10	47	35	22	10	57	45	32	20	4	38	12	..	
55	33	12	50	40	30	20	2' 49" 10	3' 23" 0	50	40	.	38	12	46	
56	35	14	52	45	37	30	22	15	3' 57" 7	4' 31" 0	5	39	13	..	
57	37	16	55	50	45	40	35	30	25	20	5' 5	39	13	47	
59	22' 38	28' 18	57	55	52	50	47	45	42	40	6	5' 40	6' 14	..	
0	40	20	34" 0	1' 8" 0	1' 42" 0	2' 16" 0	2' 50" 0	3' 24" 0	3' 58" 0	4' 32" 0	6	40	14	48	102°
1	42	22	2	5	7	10	12	15	17	20	6	40	14	..	
2	43	24	5	10	15	20	25	30	35	40	7	41	15	49	
4	45	26	7	15	22	30	37	45	52	4' 33" 0	5' 7	41	15	..	
5	22' 47	28' 28	10	20	30	40	50	3' 25" 0	3' 59" 10	20	.	5' 42	6' 16	50	
6	48	30	12	25	37	50	2' 51" 2	15	27	40	8	42	16	..	
7	50	32	15	1' 8" 30	45	2' 17" 0	15	30	45	4' 34" 0	8	..	17	51	
9	52	35	34" 17	35	52	10	27	45	4' 0" 2	20	9	43	17	..	
10	53	37	20	40	1' 43" 0	20	40	3' 26" 0	20	40	5' 9	43	18	52	103°
11	22' 55	28' 39	22	45	7	30	52	15	37	4' 35" 0	9	5' 44	6' 18	..	
12	57	41	25	50	15	40	2' 52" 5	30	55	20	10	44	19	53	
14	58	43	27	55	22	50	17	45	4' 1" 12	40	10	45	19	..	
15	23' 0	45	30	1' 9" 0	30	2' 18" 0	30	3' 27" 0	30	4' 36" 0	..	45	..	54	
16	2	47	34" 32	5	37	10	42	15	47	20	5' 11	45	20	..	
17	23' 3	28' 49	35	10	45	20	55	30	4' 2" 5	40	11	5' 46	6' 20	55	
19	5	51	37	15	52	30	2' 53" 7	45	22	4' 37" 0	12	46	21	..	
20	7	53	40	20	1' 44" 0	40	20	3' 28" 0	40	20	12	47	21	56	104°
21	8	55	42	25	7	50	32	15	57	40	12	47	22	..	
22	10	57	45	1' 9" 30	15	2' 19" 0	45	30	4' 3" 15	4' 38" 0	5' 13	..	22	57	
24	23' 12	29' 0	34" 47	35	22	10	57	45	32	20	13	5' 48	6' 23	..	
25	13	2	50	40	30	20	2' 54" 10	3' 29" 0	50	40	..	48	23	58	
26	15	4	52	45	37	30	22	15	4' 4" 7	4' 39" 0	14	49	24	..	
27	17	6	55	50	45	40	35	30	25	20	14	49	24	59	
29	18	8	57	55	52	50	47	45	42	40	15	50	25	..	
00ᵐ	Diff pour 1ˢ.		1"/12	1"/6	1"/4	1"/3	5"/12	1"/2	7"/12	2"/3	Secondes de degrés = Diz. de secondes de temps.	[illegible]			
	Diff. diurne des pos.		2ᵐ	4ᵐ	6ᵐ						Diz. de sec. de temps.	[illegible]			

	h. m.	13'	14'	15'	16'	17'	18'	19'	20'	21'	22'	23'	24'	25'	26'	27'	28'	29'	h. m. s.
30'	13 0	7' 2	7' 35	8' 7	8' 40	9' 12	9' 45	10' 17	10' 50	11' 22	11' 55	12' 27	13' 0	13' 33	14' 5	14' 37	15' 10	15' 42	1 37 30
37:	1	3	36	8	41	13	46	18	51	23	56	28	1	34	6	39	11	44	37
45	2	4	36	9	41	14	..	19	52	24	57	29	2	35	7	40	12	45	45
52:	3	4	37	9	42	15	47	20	..	25	58	30	3	36	8	41	13	46	52
0	4	5	37	10	43	15	48	21	53	26	59	31	4	37	9	42	15	47	38 0
7:	5	7' 6	7' 38	8' 11	8' 43	9' 16	9' 49	10' 21	10' 54	11' 27	12' 0	12' 32	13' 5	13' 38	14' 10	14' 43	15' 16	15' 49	7
15	6	6	..	11	44	17	..	22	55	28	.	33	6	39	11	44	17	50	15
22:	7	6	39	12	45	17	50	23	56	29	1	34	7	40	13	45	18	51	22
30	8	7	40	..	45	18	51	24	57	..	2	35	8	41	14	46	19	52	30
37:	9	7	40	13	46	19	52	25	..	30	3	36	9	42	15	48	20	53	37
45	10	7' 8	7' 41	8' 14	8' 47	9' 20	9' ..	10' 25	58	11' 31	12' 4	12' 37	13' 10	13' 43	14' 16	14' 49	15' 22	15' 55	45
52:	11	8	41	15	47	20	53	26	59	32	5	38	11	44	17	50	23	56	52
0	12	9	42	15	48	21	54	27	11' 0	33	6	39	12	45	18	51	24	57	39 0
7:	13	10	43	16	49	22	55	28	1	34	7	40	13	46	19	52	25	58	7
15	14	10	43	16	49	22	..	29	2	35	8	41	14	47	20	53	26	59	15
22:	15	7' 11	7' 44	8' 17	8' 50	9' 23	9' 56	10' 29	.	11' 36	12' 9	12' 42	13' 15	13' 48	14' 21	14' 54	15' 27	16' 1	22
30	16	11	44	..	51	24	57	30	3	..	10	43	16	49	22	55	29	2	30
37:	17	12	45	18	51	25	58	31	4	37	11	44	17	50	23	57	30	3	37
45	18	12	..	19	52	25	..	32	11 5	38	..	45	18	51	24	58	31	4	45
52:	19	13	46	19	53	26	59	33	6	39	12	46	19	52	26	59	32	5	52
0	20	7' 13	7' 47	8' 20	8' 53	9' 27	10' 0	10' 33	7	11' 40	12' 13	12' 47	13' 20	13' 53	14' 27	15' 0	15' 33	16' 7	40 0
7:	21	14	47	21	54	27	1	34	.	41	14	48	21	54	28	1	34	8	7
15	22	14	48	21	55	28	.	35	8	42	15	49	22	55	29	2	36	9	15
22:	23	15	48	22	55	29	2	36	11 9	43	16	50	23	56	30	3	37	10	22
30	24	..	49	..	56	..	3	..	10	..	17	..	24	57	31	4	38	11	30
37:	25	7' 16	7' 50	8' 23	8' 57	9' 30	10' 4	10' 37	11	11' 44	12' 18	12' 51	13' 25	59	14' 32	15' 6	15' 39	16' 13	37
45	26	17	50	24	57	31	.	38	12	45	19	52	26	14' 0	33	7	40	14	45
52:	27	17	51	24	58	32	5	39	..	46	20	53	27	1	34	8	41	15	52
0	28	18	51	25	59	32	6	40	13	47	21	54	28	2	35	9	43	16	41 0
7:	29	18	52	26	59	33	7	40	11 14	48	22	55	29	3	36	10	44	18	7
15	30	7' 19	7' ..	8' 26	9' 0	9' 34	10' .	10' 41	15	11' 49	12' ..	12' 56	13' 30	14' 4	14' 37	15' 11	15' 45	16' 19	15
22:	31	19	53	27	1	34	8	42	16	50	23	57	31	5	39	12	46	20	22
30	32	20	54	..	1	35	9	43	17	..	24	58	32	6	40	13	47	21	30
37:	33	20	54	28	2	36	10	44	..	51	25	59	33	7	41	15	48	22	37
45	34	21	55	29	3	37	..	44	11 18	52	26	13' 0	34	8	42	16	50	24	45
52:	35	7' 21	55	8' 29	9' 3	9' 37	10' 11	10' 45	19	11' 53	12' 27	1	13' 35	14' 9	14' 43	15' 17	15' 51	16' 25	52
0	36	22	7' 56	30	4	38	12	46	20	54	28	2	36	10	44	18	52	26	42 0
7:	37	23	57	31	5	39	13	47	21	55	29	3	37	11	45	19	53	27	7
15	38	23	57	31	5	39	..	48	22	56	30	4	38	12	46	20	54	28	15
22:	39	24	58	32	6	40	14	48	11 ..	57	31	5	39	13	47	21	55	30	22
30	40	7' 24	58	8' ..	9' 7	9' 41	10' 15	10' 49	23	11' ..	12' 32	13' 6	13' 40	14' 14	14' 48	15' 22	15' 57	16' 31	30
37:	41	25	59	33	7	42	16	50	24	58	33	7	41	15	49	24	58	32	37
45	42	25	..	34	8	42	..	51	25	59	..	8	42	16	50	25	59	33	45
52:	43	26	8' 0	34	9	43	17	52	26	12' 0	34	9	43	17	52	26	16' 0	34	52
0	44	26	1	35	9	44	18	52	11' 27	1	35	10	44	18	53	27	1	36	43 0
7:	45	7' 27	8' 1	8' 36	9' 10	9' 44	10' 19	10' 53	..	2	12' 36	13' 11	13' 45	14' 19	14' 54	15' 28	16' 2	16' 37	7
15	46	27	2	36	11	45	..	54	28	3	37	12	46	20	55	29	4	38	15
22:	47	28	2	37	11	46	20	55	29	4	38	13	47	21	56	30	5	39	22
30	48	..	3	..	12	..	21	..	30	..	39	..	48	22	57	31	6	40	30
37:	49	29	4	38	13	47	22	56	11' 31	12' 5	40	14	49	24	58	33	7	42	37
45	50	7' 30	8' 4	8' 39	9' 13	9' 48	10' ..	10' 57	32	6	12' 41	13' 15	13' 50	14' 25	59	15' 34	16' 8	16' 43	45
52:	51	30	5	39	14	49	23	58	..	7	42	16	51	26	15' 0	35	9	44	52
0	52	31	5	40	15	49	24	59	33	8	43	17	52	27	1	36	11	45	44 0
7:	53	31	6	41	15	50	25	59	34	9	44	18	53	28	2	37	12	47	7
15	54	32	..	41	16	51	..	11' 0	11' 35	12' 10	..	19	54	29	3	38	13	48	15
22:	55	7' 32	8' 7	8' 42	9' 17	9' 51	10' 26	1	36	11	12' 45	13' 20	13' 55	14' 30	15' 5	15' 39	16' 14	16' 49	22
30	56	33	8	..	17	52	27	2	37	..	46	21	56	31	6	40	15	50	30
37:	57	33	8	43	18	53	28	3	..	12	47	22	57	32	7	42	16	51	37
45	58	34	9	44	19	54	..	3	38	13	48	23	58	33	8	43	18	53	45
52:	59	34	9	44	19	54	29	4	39	14	49	24	59	34	9	44	19	54	52
	[illegible]								40ᵐ	42ᵐ	44ᵐ	46ᵐ	48ᵐ	50ᵐ	52ᵐ	54ᵐ	56ᵐ	58ᵐ	Diff. pour 1ˢ = 0".5.

30"	40"	50"	1'	2'	3'	4'	5'	6'	7'	8'	9'	10'	11'	h. m.	
17' 30"	23' 20"	29' 10"	35" 0	1' 10" 0	1' 45" 0	2' 20" 0	2' 55" 0	3' 30" 0	4' 5" 0	4' 40" 0	5' 15"	5' 50"	6' 25"	7' 0"	105°
31	22	12	2	5	7	10	12	15	17	20	15	50	25	.	
32	23	14	5	10	15	20	25	30	35	40	16	51	26	1	
34	25	16	7	15	22	30	37	45	52	4' 41" 0	16	51	26	.	
35	27	18	10	20	30	40	50	3' 31" 0	4' 6" 10	20	..	52	27	2	
17' 36	23' 28	29' 20	35" 12	25	37	50	2' 56" 2	15	27	40	5' 17	5' 52	6' 27	.	
37	30	22	15	1' 10" 30	45	2' 21" 0	15	30	45	4' 42" 0	17	..	28	3	
39	32	25	17	35	52	10	27	45	4' 7" 2	20	18	53	28	.	
40	33	27	20	40	1' 46" 0	20	40	3' 32" 0	20	40	18	53	29	4	106°
41	35	29	22	45	7	30	52	15	37	4' 43" 0	18	54	29	.	
17' 42	23' 37	29' 31	35" 25	50	15	40	2' 57" 5	30	55	20	5' 19	5' 54	6' 30	5	
44	38	33	27	55	22	50	17	45	4' 8" 12	40	19	55	30	.	
45	40	35	30	1' 11" 0	30	2' 22" 0	30	3' 33" 0	30	4' 44" 0	..	55	..	6	
46	42	37	32	5	37	10	42	15	47	20	20	55	31	.	
47	43	39	35	10	45	20	55	30	4' 9" 5	40	20	56	31	7	
17' 49	23' 45	29' 41	35" 37	15	52	30	2' 58" 7	45	22	4' 45" 0	5' 21	5' 56	6' 32	.	
50	47	43	40	20	1' 47" 0	40	20	3' 34" 0	40	20	21	57	32	8	107°
51	48	45	42	25	7	50	32	15	57	40	21	57	33	.	
52	50	47	45	1' 11" 30	15	2' 23" 0	45	30	4' 10" 15	4' 46" 0	22	..	33	9	
54	52	50	47	35	22	10	57	45	32	20	22	58	34	.	
17' 55	23' 53	29' 52	35" 50	40	30	20	2' 59" 10	3' 35" 0	50	40	5' ..	58	6' 34	10	
56	55	54	52	45	37	30	22	15	4' 11" 7	4' 47" 0	23	59	35	..	
57	57	56	55	50	45	40	35	30	25	20	23	59	35	11	
59	58	58	57	55	52	50	47	45	42	40	24	6' 0	36	..	
18' 0	24' 0	30' 0	36" 0	1' 12" 0	1' 48" 0	2' 24" 0	3' 0" 0	3' 36" 0	4' 12" 0	4' 48" 0	24	0	36	12	108°
1	2	2	2	5	7	10	12	15	17	20	5' 24	0	6' 36	..	
2	3	4	5	10	15	20	25	30	35	40	25	1	37	13	
4	5	6	7	15	22	30	37	45	52	4' 49" 0	25	1	37	..	
5	7	8	10	20	30	40	50	3' 37" 0	4' 13" 10	20	..	2	38	14	
6	8	10	36" 12	25	37	50	3' 1" 2	15	27	40	26	6' 2	38	..	
18' 7	24' 10	30' 12	15	1' 12" 30	45	2' 25" 0	15	30	45	4' 50" 0	5' 26	.	6' 39	15	
9	12	15	17	35	52	10	27	45	4' 14" 2	20	27	3	39	..	
10	13	17	20	40	1' 49" 0	20	40	3' 38" 0	20	40	27	3	40	16	109°
11	15	19	22	45	7	30	52	15	37	4' 51" 0	27	4	40	..	
12	17	21	36" 25	50	15	40	3' 2" 5	30	55	20	28	6' 4	41	17	
18' 14	24' 18	30' 23	27	55	22	50	17	45	4' 15" 12	40	5' 28	5	6' 41	..	
15	20	25	30	1' 13" 0	30	2' 26" 0	30	3' 39" 0	30	4' 52" 0	..	5	..	18	
16	22	27	32	5	37	10	42	15	47	20	29	5	42	..	
17	23	29	35	10	45	20	55	30	4' 16" 5	40	29	6	42	19	
19	25	31	36" 37	15	52	30	3' 3" 7	45	22	4' 53" 0	30	6' 6	43	..	
18' 20	24' 27	30' 33	40	20	1' 50" 0	40	20	3' 40" 0	40	20	5' 30	7	6' 43	20	110°
21	28	35	42	25	7	50	32	15	57	40	30	7	44	..	
22	30	37	45	1' 13" 30	15	2' 27" 0	45	30	4' 17" 15	4' 54" 0	31	.	44	21	
24	32	40	47	35	22	10	57	45	32	20	31	8	45	..	
25	33	42	36" 50	40	30	20	3' 4" 10	3' 41" 0	50	40	..	6' 8	45	22	
18' 26	24' 35	30' 44	52	45	37	30	22	15	4' 18" 7	4' 55" 0	5' 32	9	6' 46	..	
27	37	46	55	50	45	40	35	30	25	20	32	9	46	23	
29	38	48	57	55	52	50	47	45	42	40	33	10	47	..	
30	40	50	37" 0	1' 14" 0	1' 51" 0	2' 28" 0	3' 5" 0	3' 42" 0	4' 19" 0	4' 56" 0	33	10	47	24	111°
31	42	52	2	5	7	10	12	15	17	20	33	6' 10	47	..	
18' 32	24' 43	30' 54	5	10	15	20	25	30	35	40	5' 34	11	6' 48	25	
34	45	56	7	15	22	30	37	45	52	4' 57" 0	34	11	48	..	
35	47	58	10	20	30	40	50	3' 43" 0	4' 20" 10	20	..	12	49	26	
36	48	31' 0	12	25	37	50	3' 6" 2	15	27	40	35	12	49	..	
37	50	2	37" 15	1' 14" 30	45	2' 29" 0	15	30	45	4' 58" 0	35	6' ..	50	27	
18' 39	24' 52	5	17	35	52	10	27	45	4' 21" 2	20	5' 36	13	6' 50	..	
40	53	7	20	40	1' 52" 0	20	40	3' 44" 0	20	40	36	13	51	28	112°
41	55	9	22	45	7	30	52	15	37	4' 59" 0	36	14	51	..	
42	57	11	25	50	15	40	3' 7" 5	30	55	20	37	14	52	29	
44	58	13	27	55	22	50	17	45	4' 22" 12	40	37	15	52	..	
60m	Diff. pour 1'. / Diff. diurne des pas.		1"/12 3m	1"/6 4m	1"/4 6m	1"/3	4"/15	1"/2	6"/10	2"/3	Secondes de degrés = Diz. de secondes de temps. / Diz. de sec. de temps.	[illegible]			

	h. m.	13'	14'	15'	16'	17'	18'	19'	20'	21'	22'	23'	24'	25'	26'	27'	28'	29'	h. m.
0'	14 0	7' 35"	8' 10"	8' 45"	9' 20"	9' 55	10' 30	11' 5	11' 40	12' 15	12' 50	13' 25	14' 0	14' 35	15' 10"	15' 45"	16' 20"	16' 55"	1 4
7:	1	36	11	46	21	56	31	6	41	16	51	26	1	36	11	46	21	56	
15	2	36	11	46	21	56	..	7	42	17	52	27	2	37	12	47	22	57	
22:	3	37	12	47	22	57	32	7	..	18	53	28	3	38	13	48	23:	59	
30	4	37	12	..	23	58	33	8	43	..	54	29	4	39	14	49:	25	17' 0	
37:	5	7' 38	8' 13	8' 48	9' 23	59	10' 34	11' 9	11' 44	12' 19	55	13' 30	14' 5	14' 40	15' 15	15' 51	16' 26	1	
45	6	38	..	49	24	59	..	10	45	20	12' ..	31	6	41	16:	52	27	2	
52:	7	39	14	49	25	10' 0	35	11	46	21	56	32	7	42	16	53	28	3	
0	8	39	15	50	25	1	36	11	47	22	57	33	8	43	19	54	29	5	46
7:	9	40	15	51	26	1	37	12	..	23	58	34	9	44	20	55	30:	6	
15	10	7' 40	8' 16	8' 51	9' 27	2	10' ..	11' 13	11' 48	12' 24	59	13' 35	14' 10	14' 45	15' 21	15' 56	16' 32	17' 7	
22:	11	41	16	52	27	3	38	14	49	25	13' 0	36	11	46	22	57	33	8	
30	12	..	17	..	28	.	39	..	50	..	1	..	12	47	23	58:	34	9:	
37:	13	42	18	53	29	4	40	15	51	26	2	37	13	49	24	16' 0	35	11	
45	14	43	18	54	29	10' 5	..	16	52	27	3	38	14	50	25	1	36	12	
52:	15	7' 43	8' 19	8' 54	9' 30	6	10' 41	11' 17	11' ..	12' 28	4	13' 39	14' 15	14' 51	15' 26	16' 2	16' 37:	17' 13	
0	16	44	19	55	31	6	42	18	53	29	5	40	16	52	27	3	39	14	47
7:	17	44	20	56	31	7	43	18	54	30	6	41	17	53	28	4	40	16	
15	18	45	..	56	32	8	..	19	55	31	13' .	42	18	54	29:	5	41	17	
22:	19	45	21	57	33	8	44	20	56	32	7	43	19	55	31	6	42	18	
30	20	7' 46	8' 22	8' ..	9' 33	10' 9	10' 45	11' 21	11' 57	12' ..	8	13' 44	14' 20	14' 56	15' 32	16' 7	16' 43	17' 19	
37:	21	46	22	58	34	10	46	22	..	33	9	45	21	57	33	9	44:	20	
45	22	47	23	59	35	11	..	22	58	34	10	46	22	58	34	10	46	22	
52:	23	47	23	59	35	11	47	23	59	35	13' 11	47	23	59	35	11	47	23	
0	24	48	24	9' 0	36	12	48	24	12' 0	36	12	48	24	15' 0	36	12	48	24	48
7:	25	7' 49	8' 25	1	9' 37	10' 13	10' 49	11' 25	1	12' 37	13	13' 49	14' 25	1	15' 37	16' 13	16' 49	17' 25	
15	26	49	25	1	37	13	..	26	2	38	14	50	26	2	38	14	50	26	
22:	27	50	26	2	38	14	50	26	.	39	15	51	27	3	39	15	51:	28	
30	28	50	26	.	39	15	51	27	3	..	13' 16	52	28	4	40	16:	53	29	
37:	29	51	27	3	39	16	52	28:	4	40	17	53	29	5	41	18	54	30	
45	30	7' 51	8' ..	9' 4	9' 40	10' 16	10' ..	11' 29	12' 5	12' 41	..	13' 54	14' 30	15' 6	15' 42	16' 19	16' 55	17' 31	
52:	31	52	28	4	41	17	53	30	6	42	18	55	31	7	44	20	56	32	
0	32	52	29	5	41	18	54	30	7	43	19	56	32	8	45	21	57	34	
7:	33	53	29	6	42	18	55	31	.	44	13' 20	57	33	.	46	22	58:	35	49
15	34	53	30	6	43	19	..	32	8	45	21	58	34	9	47	23	17' 0	36	
22:	35	7' 54	8' 30	9' 7	9' 43	10' 20	10' 56	11' 33	12' 9	12' 46	22	59	14' 35	15' 11	15' 48	16' 24	1	17' 37	
30	36	..	31	.	44	..	57	33	10	..	23	..	36	12	49	25:	2	38:	
37:	37	55	32	8	45	21	58	34	11	47	24	14' 0	37	14	50	27	3	40	
45	38	56	32	9	45	22	..	35	12	48	25	1	38	15	51	28	4	41	
52:	39	56	33	9	46	23	59	36	..	49	13' 26	2	39	16	52	29	5:	42	
0	40	7' 57	8' 33	9' 10	9' 47	10' 23	11' 0	11' 37	12' 13	12' 50	27	3	14' 40	15' 17	15' 53	16' 30	17' 7	17' 43	50
7:	41	57	34	11	47	24	1	37	14	51	28	4	41	18	54	31	8	45	
15	42	58	..	11	48	25	.	38	15	52	..	5	42	19	55:	32	9	46	
22:	43	58	35	12	49	25	2	39	16	53	29	6	43	20	57	33	10	47	
30	44	59	36	..	50	26	3	40	17	..	13' 30	14' 7	44	21	58	34:	11	48	
37:	45	59	8' 36	9' 13	9' 50	10' 27	11' 4	11' 41	12' ..	12' 54	31	8	14' 45	15' 22	59	16' 36	17' 12	17' 49	
45	46	8' 0	37	14	51	28	.	41	18	55	32	9	46	23	16' 0	37	14	51	
52:	47	0	37	14	51	28	5	42	19	56	33	10	47	24	1	38	15	52	
0	48	1	38	15	52	29	6	43	20	57	34	11	48	25	2	39	16	53	
7:	49	2	39	16	53	30	7	44	21	58	13' 35	14' 12	49	26	3	40	17	54	51
15	50	8' 2	8' 39	9' 16	9' 53	10' 30	11' .	11' 45	12' 22	59	36	13	14' 50	15' 27	16' 4	16' 41	17' 18	17' 55	
22:	51	3	40	17	54	31	8	45	..	13' 0	37	14	51	28	5	42	19:	57	
30	52	3	40	..	55	32	9	46	23	.	38	15	52	29	6	43:	21	58	
37:	53	4	41	18	55	33	10	47	24	1	39	16	53	30	7	45	22	59	
45	54	4	..	19	56	33	..	48	25	2	13' ..	14' 17	54	31	8:	46	23	18' 0	
52:	55	8' 5	8' 42	9' 19	9' 57	10' 34	11' 11	11' 49	12' 26	13' 3	40	18	14' 55	15' 32	16' 10	16' 47	17' 24	1	
0	56	5	43	20	57	35	12	49	27	4	41	19	56	33	11	48	25	3	52
7:	57	6	43	21	58	35	13	50	..	5	42	20	57	34	12	49	26:	4	
15	58	6	44	21	59	36	..	51	28	6	43	21	58	35	13	50	28	5	
22:	59	7	44	22	59	37	14	52	29	7	44	22	59	36	14	51	29	6	
[illegible]									40m	42m	44m	46m	48m	50m	52m	54m	56m	58m	Diff. p[…] 1" = 0"[…]

PARTIES PROPORTIONNELLES.

30'	40'	50'	1'	2'	3'	4'	5'	6'	7'	8'	9'	10'	11'	h. m.
' 45	25' 0	31' 15	37" 30	1' 15" 0	1' 52" 30	2' 30" 0	3' 7" 30	3' 45" 0	4' 22" 30	5' 0" 0	5' 37	6' 15	6' 52	7' 30
46	2	18	32	5	37	10	42	15	47	20	38	15	53	..
47	3	19	35	10	45	20	55	30	4' 23" 5	40	38	16	53	31
49	5	21	37	15	52	30	3' 8" 7	45	22	5' 1" 0	39	16	54	..
50	7	23	40	20	1' 53" 0	40	20	3' 46" 0	40	20	39	17	54	32
' 51	25' 8	31' 25	42	25	7	50	32	15	57	40	5' 39	6' 17	6' 55	..
52	10	27	37" 45	1' 16" 30	15	2' 31" 0	45	30	4' 24" 15	5' 2" 0	40	..	55	33
54	12	30	47	35	22	10	57	45	32	20	40	18	56	..
55	13	32	50	40	30	20	3' 9" 10	3' 47" 0	50	40	..	18	56	34
56	15	34	52	45	37	30	22	15	4' 25" 7	5' 3" 0	41	19	57	..
57	25' 17	31' 36	55	50	45	40	35	30	25	20	5' 41	6' 19	6' 57	35
59	18	38	57	55	52	50	47	45	42	40	42	20	58	..
' 0	20	40	38" 0	1' 16" 0	1' 54" 0	2' 32" 0	3' 10" 0	3' 48" 0	4' 26" 0	5' 4" 0	42	20	58	36
1	22	42	2	5	7	10	12	15	17	20	42	20	58	..
2	23	44	5	10	15	20	25	30	35	40	43	21	59	37
' 4	25' 25	31' 46	7	15	22	30	37	45	52	5' 5" 0	5' 43	6' 21	59	..
5	27	48	10	20	30	40	50	3' 49" 0	4' 27" 10	20	..	22	7' 0	38
6	28	50	12	25	37	50	3' 11" 2	15	27	40	44	22	0	..
7	30	52	38" 15	1' 16" 30	45	2' 33" 0	15	30	45	5' 6" 0	44	..	1	39
9	32	55	17	35	52	10	27	45	4' 28" 2	20	45	23	1	..
' 10	25' 33	57	20	40	1' 55" 0	20	40	3' 50" 0	20	40	5' 45	6' 23	2	40
11	35	59	22	45	7	30	52	15	37	5' 7" 0	45	24	2	..
12	37	32' 1	25	50	15	40	3' 12" 5	30	55	20	46	24	7' 3	41
14	38	3	38" 27	55	22	50	17	45	4' 29" 12	40	46	25	3	..
15	40	5	30	1' 17" 0	30	2' 34" 0	30	3' 51" 0	30	5' 8" 0	..	25	.	42
' 16	25' 42	32' 7	32	5	37	10	42	15	47	20	5' 47	6' 25	4	..
17	43	9	35	10	45	20	55	30	4' 30" 5	40	47	26	4	43
19	45	11	37	15	52	30	3' 13" 7	45	22	5' 9" 0	48	26	7' 5	..
20	47	13	38" 40	20	1' 56" 0	40	20	3' 52" 0	40	20	48	27	5	44
21	48	15	42	25	7	50	32	15	57	40	48	27	6	..
' 22	25' 50	32' 17	45	1' 17" 30	15	2' 35" 0	45	30	4' 31" 15	5' 10" 0	5' 49	6' ..	6	45
24	52	20	47	35	22	10	57	45	32	20	49	28	7	..
25	53	22	50	40	30	20	3' 14" 10	3' 53" 0	50	40	..	28	7	46
26	55	24	52	45	37	30	22	15	4' 32" 7	5' 11" 0	50	29	7' 8	..
27	57	26	55	50	45	40	35	30	25	20	50	29	8	47
' 29	58	32' 28	57	55	52	50	47	45	42	40	5' 51	6' 30	9	..
30	26' 0	30	39" 0	1' 18" 0	1' 57" 0	2' 36" 0	3' 15" 0	3' 54" 0	4' 33" 0	5' 12" 0	51	30	9	48
31	2	32	2	5	7	10	12	15	17	20	51	30	9	..
32	3	34	5	10	15	20	25	30	35	40	52	31	7' 10	49
34	5	36	7	15	22	30	37	45	52	5' 13" 0	52	31	10	..
' 35	26' 7	32' 38	10	20	30	40	50	3' 55" 0	4' 34" 10	20	5' ..	6' 32	11	50
36	8	40	12	25	37	50	3' 16" 2	15	27	40	53	32	11	..
37	10	42	15	1' 18" 30	45	2' 37" 0	15	30	45	5' 14" 0	53	..	12	51
39	12	45	39" 17	35	52	10	27	45	4' 35" 2	20	54	33	12	..
40	13	47	20	40	1' 58" 0	20	40	3' 56" 0	20	40	54	33	7' 13	52
' 41	26' 15	32' 49	22	45	7	30	52	15	37	5' 15" 0	5' 55	6' 34	13	..
42	17	51	25	50	15	40	3' 17" 5	30	55	20	55	34	14	53
44	18	53	27	55	22	50	17	45	4' 36" 12	40	55	35	14	..
45	20	55	30	1' 19" 0	30	2' 38" 0	30	3' 57" 0	30	5' 16" 0	..	35	..	54
46	22	57	39" 32	5	37	10	42	15	47	20	56	35	7' 15	..
' 47	26' 23	59	35	10	45	20	55	30	4' 37" 5	40	5' 56	6' 36	15	55
49	25	33' 1	37	15	52	30	3' 18" 7	45	22	5' 17" 0	57	36	16	..
50	27	3	40	20	1' 59" 0	40	20	3' 58" 0	40	20	57	37	16	56
51	28	5	42	25	7	50	32	15	57	40	57	37	17	..
52	30	7	45	1' 19" 30	15	2' 39" 0	45	30	4' 38" 15	5' 18" 0	58	..	7' 17	57
' 54	26' 32	33' 10	39" 47	35	22	10	57	45	32	20	5' 58	6' 38	18	..
55	33	12	50	40	30	20	3' 19" 10	3' 59" 0	50	40	..	38	18	58
56	35	14	52	45	37	30	22	15	4' 39" 7	5' 19" 0	59	39	19	..
57	37	16	55	50	45	40	35	30	25	20	59	39	19	59
59	38	18	57	55	52	50	47	45	42	40	6' 0	40	20	..

60ᵐ	Diff. pour 1ᵛ.	1"/17	1"/6	1"/4	1"/3	4"/10	1"/2	6"/10	1"	Secondes et degrés = Dix. de secondes du temps. [illegible]
	Diff. diurne des pas.	2ᵐ	4ᵐ	6ᵐ						Dix. de séc. de temps. [illegible]

	h. m.	13'	14'	15'	16'	17'	18'	19'	20'	21'	22'	23'	24'	25'	26'	27'	28'	29'	h. m. s.
112° 30'	15 0	8' 7	8' 45	9' 22	10' 0	10' 37	11' 15	11' 52	12' 30	13' 7	13' 45	14' 22	15' 0	15' 38	16' 15	16' 52	17' 30	18' 7	1 52 30
37:	1	8	46	23	1	38	16	53	31	8	46	23	1	39	16	54	31	9	37
45	2	9	46	24	1	39	..	54	32	9	47	24	2	40	17	55	32	10	45
52:	3	9	47	24	2	40	17	55	..	10	48	25	3	41	18	56	33	11	52
113° 0	4	10	47	25	3	40	18	56	33	11	49	26	4	42	19	57	35	12	53 0
7:	5	8' 10	8' 48	9' 26	10' 3	10' 41	11' 19	11' 56	12' 34	13' 12	13' 50	14' 27	15' 5	15' 43	16' 20	58	17' 36	18' 14	7
15	6	11	..	26	4	42	..	57	35	13	..	28	6	44	21	59	37	15	15
22:	7	11	49	27	5	42	20	58	36	14	51	29	7	45	23	17' 0	38	16	22
30	8	12	50	..	5	43	21	59	37	..	52	30	8	46	24	1	39	17	30
37:	9	12	50	28	6	44	22	12' 0	..	15	53	31	9	47	25	2	40	18	37
45	10	8' 13	8' 51	9' 29	10' 7	10' 45	11' ..	0	12' 38	13' 16	13' 54	14' 32	15' 10	15' 48	16' 26	17' 4	17' 42	18' 20	45
52:	11	13	51	29	7	45	23	1	39	17	55	33	11	49	27	5	43	21	52
114° 0	12	14	52	30	8	46	24	2	40	18	56	34	12	50	28	6	44	22	54 0
7:	13	15	53	31	9	47	25	3	41	19	57	35	13	51	29	7	45	23	7
15	14	15	53	31	9	47	..	12' 4	42	20	58	36	14	52	30	8	46	24	15
22:	15	8' 16	8' 54	9' 32	10' 10	10' 48	11' 26	4	12' ..	13' 21	59	14' 37	15' 15	15' 53	16' 31	17' 9	17' 47	18' 26	22
30	16	16	54	..	11	49	27	5	43	..	14' 0	38	16	54	32	10	49	27	30
37:	17	17	55	33	11	50	28	6	44	22	1	39	17	55	33	12	50	28	37
45	18	17	..	34	12	50	..	7	45	23	..	40	18	56	34	13	51	29	45
52:	19	18	56	34	13	51	29	12' 8	46	24	2	41	19	57	36	14	52	30	52
115° 0	20	8' 18	8' 57	9' 35	10' 13	10' 52	11' 30	8	12' 47	13' 25	14' 3	14' 42	15' 20	58	16' 37	17' 15	17' 53	18' 32	55 0
7:	21	19	57	36	14	52	31	9	..	26	4	43	21	59	38	16	54	33	7
15	22	19	58	36	15	53	..	10	48	27	5	44	22	16' 0	39	17	56	34	15
22:	23	20	58	37	15	54	32	11	49	28	6	45	23	1	40	18	57	35	22
30	24	..	59	..	16	..	33	12' ..	50	..	7	..	24	2	41	19	58	36	30
37:	25	8' 21	9' 0	9' 38	10' 17	10' 55	11' 34	12	12' 51	13' 29	14' 8	14' 46	15' 25	16' 4	16' 42	17' 21	59	18' 38	37
45	26	22	0	39	17	56	..	13	52	30	9	47	26	5	43	22	18' 0	39	45
52:	27	22	1	39	18	57	35	14	..	31	10	48	27	6	44	23	1	40	52
116° 0	28	23	1	40	19	57	36	15	53	32	11	49	28	7	45	24	3	41	56 0
7:	29	23	2	41	19	58	37	12' 16	54	33	12	50	29	8	46	25	4	43	7
15	30	8' 24	9' ..	9' 41	10' 20	59	11' ..	16	12' 55	13' 34	14' ..	14' 51	15' 30	16' 9	16' 47	17' 26	18' 5	18' 44	15
22:	31	24	3	42	21	59	38	17	56	35	13	52	31	10	49	27	6	45	22
30	32	25	4	..	21	11' 0	39	18	57	..	14	53	32	11	50	28	7	46	30
37:	33	25	4	43	22	1	40	19	..	36	15	54	33	12	51	30	8	47	37
45	34	26	5	44	23	2	..	12' 19	58	37	16	55	34	13	52	31	10	49	45
52:	35	8' 26	9' 5	9' 44	10' 23	2	11' 41	20	59	13' 38	14' 17	14' 56	15' 35	16' 14	16' 53	17' 32	18' 11	18' 50	52
117° 0	36	27	6	45	24	3	42	21	13' 0	39	18	57	36	15	54	33	12	51	57 0
7:	37	28	7	46	25	4	43	22	1	40	19	58	37	16	55	34	13	52	7
15	38	28	7	46	25	4	..	23	2	41	20	59	38	17	56	35	14	53	15
22:	39	29	8	47	26	11' 5	44	12' 23	.	42	21	15' 0	39	18	57	36	15	55	22
30	40	8' 29	9' 8	9' ..	10' 27	6	11' 45	24	3	13' ..	14' 22	1	15' 40	16' 19	58	17' 37	18' 17	18' 56	30
37:	41	30	9	48	27	7	46	25	4	43	23	2	41	20	59	39	18	57	37
45	42	30	.	49	28	7	..	26	5	44	..	3	42	21	17' 0	40	19	58	45
52:	43	31	10	49	29	8	47	27	6	45	24	4	43	22	2	41	20	59	52
118° 0	44	31	11	50	29	11' 9	48	12' 27	13' 7	46	25	15' 5	44	23	3	42	21	19' 1	58 0
7:	45	8' 32	9' 11	9' 51	10' 30	9	11' 49	28	8	13' 47	14' 26	6	15' 45	16' 24	17' 4	17' 43	18' 22	2	7
15	46	32	12	51	31	10	..	29	8	48	27	7	46	25	5	44	24	3	15
22:	47	33	12	52	31	11	50	30	9	49	28	8	47	26	6	45	25	4	22
30	48	..	13	..	32	..	51	..	10	..	29	.	48	27	7	46	26	5	30
37:	49	34	14	53	33	11' 12	52	12' 31	13' 11	50	30	15' 9	49	29	8	48	27	7	37
45	50	8' 35	9' 14	9' 54	10' 33	13	11' ..	32	12	13' 51	14' 31	10	15' 50	16' 30	17' 9	17' 49	18' 28	19' 8	45
52:	51	35	15	54	34	14	53	33	..	52	32	11	51	31	10	50	29	9	52
119° 0	52	36	15	55	35	14	54	34	13	53	33	12	52	32	11	51	31	10	59 0
7:	53	36	16	56	35	15	55	34	14	54	34	13	53	33	12	52	32	12	7
15	54	37	..	56	36	11' 16	..	12' 35	13' 15	55	..	15' 14	54	34	13	53	33	13	15
22:	55	8' 37	9' 17	9' 57	10' 37	16	11' 56	36	16	13' 56	14' 35	15	15' 55	16' 35	17' 15	17' 54	18' 34	19' 14	22
30	56	38	18	..	37	17	57	37	17	..	36	16	56	36	16	55	35	15	30
37:	57	38	18	58	38	18	58	38	..	57	37	17	57	37	17	57	36	16	37
45	58	39	19	59	39	19	..	38	18	58	38	18	58	38	18	58	38	18	45
52:	59	39	19	59	39	19	59	39	19	59	39	19	59	39	19	59	39	19	52

[illegible]	40ᵐ	42ᵐ	44ᵐ	46ᵐ	48ᵐ	50ᵐ	52ᵐ	54ᵐ	56ᵐ	58ᵐ	Diff. pour 1ˢ = 0"3.

30'	40'	50'	1'	2'	3'	4'	5'	6'	7'	8'	9'	10'	11'	h. m.	
20' 0	26' 40"	33' 20"	40" 0	1' 20" 0	2' 0" 0	2' 40" 0	3' 20" 0	4' 0" 0	4' 40" 0	5' 20" 0	6' 0	6' 40	7' 20	8' 0"	120°
1	42	22	2	5	7	10	12	15	17	20	0	40	20	.	
2	43	24	5	10	15	20	25	30	35	40	1	41	21	1	
4	45	26	7	15	22	30	37	45	52	5' 21" 0	1	41	21	.	
5	47	28	10	20	30	40	50	4' 1" 0	4' 41" 10	20	.	42	22	2	
20' 6	26' 48	33' 30	40" 12	25	37	50	3' 21" 2	15	27	40	6' 2	6' 42	7' 22	.	
7	50	32	15	1' 20" 30	45	2' 41" 0	15	30	45	5' 22" 0	2	..	23	3	
9	52	33	17	35	52	10	27	45	4' 42" 2	20	3	43	23	.	
10	53	35	20	40	2' 1" 0	20	40	4' 2" 0	20	40	3	43	24	4	121°
11	55	39	22	45	7	30	52	15	37	5' 23" 0	3	44	24	.	
20' 12	57	33' 41	40" 25	50	15	40	3' 22" 5	30	55	20	6' 4	6' 44	7' 25	5	
14	58	42	27	55	22	50	17	45	4' 43" 12	40	4	45	25	.	
15	27' 0	43	30	1' 21" 0	30	2' 42" 0	30	4' 3" 0	30	5' 24" 0	.	45	..	6	
16	2	47	32	5	37	10	42	15	47	20	5	45	26	.	
17	3	49	35	10	45	20	55	30	4' 44" 5	40	5	46	26	7	
20' 19	5	33' 51	40" 37	15	52	30	3' 23" 7	45	22	5' 25" 0	6' 6	6' 46	7' 27	.	
20	7	53	40	20	2' 2" 0	40	20	4' 4" 0	40	20	6	47	27	8	122°
21	8	55	42	25	7	50	32	15	57	40	6	47	28	.	
22	10	57	45	1' 21" 30	15	2' 43" 0	45	30	4' 45" 15	5' 26" 0	7	..	28	9	
24	12	34' 0	47	35	22	10	57	45	32	20	7	48	29	.	
20' 25	27' 13	2	40" 50	40	30	20	3' 24" 10	4' 5" 0	50	40	6' .	6' 48	7' 29	10	
26	15	4	52	45	37	30	22	15	4' 46" 7	5' 27" 0	8	49	30	..	
27	17	6	55	50	45	40	35	30	25	20	8	40	30	11	
29	18	8	57	55	52	50	47	45	42	40	9	50	31	..	
30	20	10	41" 0	1' 22" 0	2' 3" 0	2' 44" 0	3' 25" 0	4' 6" 0	4' 47" 0	5' 28" 0	9	50	31	12	123°
20' 31	27' 22	34' 12	2	5	7	10	12	15	17	20	6' 9	6' 50	7' 31	..	
32	23	14	5	10	15	20	25	30	35	40	10	51	32	13	
34	25	16	7	15	22	30	37	45	52	5' 29" 0	10	51	32	..	
35	27	18	10	20	30	40	50	4' 7" 0	4' 48" 10	20	..	52	33	14	
36	28	20	12	25	37	50	3' 26" 2	15	27	40	11	52	33	..	
20' 37	27' 30	34' 22	41" 15	1' 22" 30	45	2' 45" 0	15	30	45	5' 30" 0	6' 11	6' ..	7' 34	15	
39	32	25	17	35	52	10	27	45	4' 49" 2	20	12	53	34	..	
40	33	27	20	40	2' 4" 0	20	40	4' 8" 0	20	40	12	53	35	16	124°
41	35	29	22	45	7	30	52	15	37	5' 31" 0	12	54	35	..	
42	37	31	25	50	15	40	3' 27" 5	30	55	20	13	54	36	17	
20' 44	27' 38	34' 33	41" 27	55	22	50	17	45	4' 50" 12	40	6' 13	6' 55	7' 36	..	
45	40	35	30	1' 23" 0	30	2' 46" 0	30	4' 9" 0	30	5' 32" 0	..	55	..	18	
46	42	37	32	5	37	10	42	15	47	20	14	55	37	..	
47	43	39	35	10	45	20	55	30	4' 51" 5	40	14	56	37	19	
49	45	41	37	15	52	30	3' 28" 7	45	22	5' 33" 0	15	56	38	..	
20' 50	27' 47	34' 43	41" 40	20	2' 5" 0	40	20	4' 10" 0	40	20	6' 15	6' 57	7' 38	20	125°
51	48	45	42	25	7	50	32	15	57	40	15	57	39	..	
52	50	47	45	1' 23" 30	15	2' 47" 0	45	30	4' 52" 15	5' 34" 0	16	..	39	21	
54	52	50	47	35	22	10	57	45	32	20	16	58	40	..	
55	53	52	41" 50	40	30	20	3' 29" 10	4' 11" 0	50	40	..	58	40	22	
56	55	54	52	45	37	30	22	15	4' 53" 7	5' 35" 0	6' 17	59	7' 41	..	
57	57	56	55	50	45	40	35	30	25	20	17	59	41	23	
59	58	58	57	55	52	50	47	45	42	40	18	7' 0	42	..	
21' 0	28' 0	35' 0	42" 0	1' 24" 0	2' 6" 0	2' 48" 0	3' 30" 0	4' 12" 0	4' 54" 0	5' 36" 0	18	0	42	24	126°
1	2	2	2	5	7	10	12	15	17	20	18	0	42	..	
2	3	4	5	10	15	20	25	30	35	40	6' 19	1	7' 43	25	
4	5	6	7	15	22	30	37	45	52	5' 37" 0	19	1	43	..	
5	7	8	10	20	30	40	50	4' 13" 0	4' 55" 10	20	..	2	44	26	
6	8	10	12	25	37	50	3' 31" 2	15	27	40	20	2	44	..	
7	10	12	15	1' 24" 30	45	2' 49" 0	15	30	45	5' 38" 0	20	7' .	45	27	
21' 9	28' 12	35' 15	42" 17	35	52	10	27	45	4' 56" 2	20	6' 21	3	7' 45	..	127°
10	13	17	20	40	2' 7" 0	20	40	4' 14" 0	20	40	21	3	46	28	
11	15	19	22	45	7	30	52	15	37	5' 39" 0	21	4	46	..	
12	17	21	25	50	15	40	3' 30" 5	30	55	20	22	4	47	29	
14	18	23	27	55	22	50	17	46	4' 57" 12	40	22	5	47	..	
60m	Diff. pour 1s.	1"/12	1"/6	1"/4	1"/3	4"/10	1"/2	6"/10	2"/3	Secondes de degrés = Dix. de secondes de temps.	[illegible]				
	Diff. diurne des pos.	2m	4m	6m						Dix. de sec. de temps.	[illegible]				

	h. m.	13'	14'	15'	16'	17'	18'	19'	20'	21'	22'	23'	24'	25'	26'	27'	28'	29'	h. m. s.
120° 0'	16 0	8' 40"	9' 20	10' 0	10' 40	11' 20	12' 0	12' 40	13' 20	14' 0	14' 40	15' 20	16' 0	16' 40	17' 20"	18' 0"	18' 40"	19' 20"	2 0
7	1	41	21	1	41	21	1	41	21	1	41	21	1	41	21	1	41	21	
15	2	41	21	1	41	21	.	42	22	2	42	22	2	42	22	2	42	22	1
22	3	42	22	2	42	22	2	42	..	3	43	23	3	43	23	3	43	24	2
30	4	42	22	.	43	23	3	43	23		44	24	4	44	24	4	45	25	3
37	5	8' 43	9' 23	10' 3	10' 43	11' 24	12' 4	12' 44	13' 24	14' 4	14' 45	15' 25	16' 5	16' 45	17' 25	18' 6	18' 46	19' 26	3
45	6	43	..	4	44	24	.	45	25	5	..	26	6	46	26	7	47	27	4
52	7	44	24	4	45	25	5	46	26	6	46	27	7	47	28	8	48	28	5
121° 0	8	44	25	5	45	26	6	46	27	7	47	28	8	48	29	9	49	30	.
7	9	45	25	6	46	26	7	47	..	8	48	29	9	49	30	10	50	31	
15	10	8' 45	9' 26	10' 6	10' 47	11' 27	12' .	12' 48	13' 28	14' 9	14' 49	15' 30	16' 10	16' 50	17' 31	18' 11	18' 52	19' 32	
22	11	46	26	7	47	28	8	49	29	10	50	31	11	51	32	12	53	33	
30	12	..	27	7	48	..	9	..	30	..	51	..	12	52	33	13	54	34	
37	13	47	28	8	49	29	10	50	31	11	52	32	13	54	34	15	55	36	
45	14	48	28	9	49	30	..	51	32	12	53	33	14	55	35	16	56	37	
122° 52	15	8' 48	9' 29	10' 9	10' 50	11' 31	12' 11	12' 52	13' ..	14' 13	14' 54	15' 34	16' 15	16' 56	17' 36	18' 17	57	19' 38	
0	16	49	29	10	51	31	12	53	33	14	55	35	16	57	37	18	59	39	2
7	17	49	30	11	51	32	13	53	34	15	56	36	17	58	38	19	19' 0	41	
15	18	50	..	11	52	33	..	54	35	16	..	37	18	59	39	20	1	42	
22	19	50	31	12	53	33	14	55	36	17	57	38	19	17' 0	41	21	2	43	
30	20	8' 51	9' 32	10' ..	10' 53	11' 34	12' 15	12' 56	13' 37	14' .	58	15' 39	16' 20	1	17' 42	18' 22	19' 3	19' 44	
37	21	51	32	13	54	35	16	57	..	18	59	40	21	2	43	24	4	45	
45	22	52	33	14	55	36	..	57	38	19	15' 0	41	22	3	44	25	6	47	
52	23	52	33	14	55	36	17	58	39	20	1	42	23	4	45	26	7	48	
123° 0	24	53	34	15	56	37	18	59	40	21	2	43	24	5	46	27	8	49	3
7	25	8' 54	9' 35	10' 16	10' 57	11' 38	12' 19	13' 0	13' 41	14' 22	3	15' 44	16' 25	17' 6	17' 47	18' 28	19' 9	19' 50	
15	26	54	35	16	57	38	..	1	42	23	4	45	26	7	48	29	10	51	
22	27	55	36	17	58	39	20	1	..	24	5	46	27	8	49	30	11	53	
30	28	55	36	..	59	40	21	2	43	..	6	47	28	9	50	31	13	54	
37	29	56	37	18	59	41	22	3	44	25	15' 7	48	29	10	51	33	14	55	
45	30	8' 56	9' ..	10' 19	11' 0	11' 41	12' ..	13' 4	13' 45	14' 26	..	15' 49	16' 30	17' 11	17' 52	18' 34	19' 15	19' 56	
124° 52	31	57	38	19	1	42	23	5	46	27	8	50	31	12	54	35	16	57	
0	32	57	39	20	1	43	24	5	47	28	9	51	32	13	55	36	17	59	4
7	33	58	39	21	2	43	25	6	..	29	10	52	33	14	56	37	18	20' 0	
15	34	58	40	21	3	44	..	7	48	30	15' 11	53	34	15	57	38	20	1	
22	35	59	9' 40	10' 22	11' 3	11' 45	12' 26	13' 8	13' 49	14' 31	12	15' 54	16' 35	17' 16	58	18' 39	19' 21	2	
30	36	..	41	.	4	..	27	.	50	..	13	..	36	17	59	40	22	3	
37	37	9' 0	42	23	5	46	28	9	51	32	14	55	37	19	18' 0	42	23	20' 5	
45	38	1	42	24	5	47	..	10	52	33	15	56	38	20	1	43	24	6	
52	39	1	43	24	6	48	29	11	..	34	15' 16	57	39	21	2	44	25	7	
125° 0	40	2	9' 43	10' 25	11' 7	11' 48	12' 30	13' 12	13' 53	14' 35	17	58	16' 40	17' 22	18' 3	18' 45	19' 27	20' 8	5
7	41	2	44	26	7	49	31	12	54	36	18	59	41	23	4	46	28	10	
15	42	3	..	26	8	50	..	13	55	37	..	16' 0	42	24	5	47	29	11	
22	43	3	45	27	9	50	32	14	56	38	19	1	43	25	7	48	30	12	
30	44	9' 4	46	..	9	51	33	15	57	..	15' 20	2	44	26	8	49	31	13	
37	45	4	9' 46	10' 28	11' 10	11' 52	12' 34	13' 16	13' ..	14' 39	21	3	16' 45	17' 27	18' 9	18' 51	19' 32	20' 14	
45	46	5	47	29	11	53	..	16	58	40	22	4	46	28	10	52	34	16	
126° 52	47	5	47	29	11	53	35	17	59	41	23	5	47	29	11	53	35	17	
0	48	6	48	30	12	54	36	18	14' 0	42	24	6	48	30	12	54	36	18	6
7	49	9' 7	49	31	13	55	37	19	1	43	15' 25	16' 7	49	31	13	55	37	19	
15	50	7	9' 49	10' 31	11' 13	11' 55	12' ..	13' 20	2	14' 44	26	8	16' 50	17' 32	18' 14	56	19' 38	20' 20	
22	51	8	50	32	14	56	38	20	.	45	27	9	51	33	15	57	39	22	
30	52	8	50	..	15	57	39	21	3	..	28	10	52	34	16	58	41	23	
37	53	9	51	33	15	58	40	22	4	46	29	11	53	35	17	19' 0	42	24	
45	54	9' 9	..	34	16	58	..	23	14' 5	47	15' ..	16' 12	54	36	18	1	43	25	
127° 52	55	10	9' 52	10' 34	11' 17	59	12' 41	13' 24	6	14' 48	30	13	16' 55	17' 37	18' 20	2	19' 44	20' 26	7
0	56	10	53	35	17	12' 0	42	24	7	49	31	14	56	38	21	3	45	28	
7	57	11	53	36	18	0	43	25	.	50	32	15	57	39	22	4	46	29	
15	58	11	54	36	19	1	..	26	8	51	33	16	58	40	23	5	48	30	
22	59	12	54	37	19	2	44	27	9	52	34	17	59	41	24	6	49	31	
	[illegible]								40m	42m	44m	46m	48m	50m	52m	54m	56m	58m	Diff. 1s = [illegible]

30'	40'	50'	1'	2'	3'	4'	5'	6'	7'	8'	9'	10'	11'	h. m.	
21' 15	28' 20	35' 25	42" 30	1' 25" 0	2' 7" 30	2' 50" 0	3' 32" 30	4' 15" 0	4' 57" 30	5' 40" 0	6' 22	7' 5	7' 47	8' 30	127°
16	22	27	32	5	37	10	42	15	47	20	23	5	48	..	
17	23	29	35	10	45	20	55	30	4' 58" 5	40	23	6	48	31	
19	25	31	37	15	52	30	3' 33" 7	45	22	5' 41" 0	24	6	49	..	
20	27	33	40	20	2' 8" 0	40	20	4' 16" 0	40	20	24	7	49	32	128°
21' 21	28' 28	35' 35	42	25	7	50	32	15	57	40	6' 24	7' 7	7' 50	..	
22	30	37	42" 45	1' 25" 30	15	2' 51" 0	45	30	4' 59" 15	5' 42" 0	25	.	50	33	
24	32	40	47	35	22	10	57	45	32	20	25	8	51	..	
25	33	42	50	40	30	20	3' 34" 10	4' 17" 0	50	40	..	8	51	34	
26	35	44	52	45	37	30	22	15	5' 0" 7	5' 43" 0	26	9	52	..	
21' 27	28' 37	35' 46	55	50	45	40	35	30	25	20	6' 26	7' 9	7' 52	35	
29	38	48	57	55	52	50	47	45	42	40	27	10	53	..	
30	40	50	43" 0	1' 26" 0	2' 9" 0	2' 52" 0	3' 35" 0	4' 18" 0	5' 1" 0	5' 44" 0	27	10	53	36	129°
31	42	52	2	5	7	10	12	15	17	20	27	10	53	..	
32	43	54	5	10	15	20	25	30	35	40	28	11	54	37	
21' 34	28' 45	56	7	15	22	30	37	45	52	5' 45" 0	6' 28	7' 11	7' 54	..	
35	47	58	10	20	30	40	50	4' 19" 0	5' 2" 10	20	..	12	55	38	
36	48	36' 0	12	25	37	50	3' 36" 2	15	27	40	29	12	55	..	
37	50	2	43" 15	1' 26" 30	45	2' 53" 0	15	30	45	5' 46" 0	29	..	56	39	
39	52	5	17	35	52	10	27	45	5' 3" 2	20	30	13	56	..	
21' 40	28' 53	36' 7	20	40	2' 10" 0	20	40	4' 20" 0	20	40	6' 30	7' 13	7' 57	40	130°
41	55	9	22	45	7	30	52	15	37	5' 47" 0	30	14	57	..	
42	57	11	25	50	15	40	3' 37" 5	30	55	20	31	14	58	41	
44	58	13	27	55	22	50	17	45	5' 4" 12	40	31	15	58	..	
45	29' 0	15	43" 30	1' 27" 0	30	2' 54" 0	30	4' 21" 0	30	5' 48" 0	..	15	..	42	
21' 46	2	36' 17	32	5	37	10	42	15	47	20	6' 32	7' 15	59	..	
47	3	19	35	10	45	20	55	30	5' 5" 5	40	32	16	59	43	
49	5	21	37	15	52	30	3' 38" 7	45	22	5' 49" 0	33	16	8' 0	..	
50	7	23	40	20	2' 11" 0	40	20	4' 22" 0	40	20	33	17	0	44	131°
51	8	25	42	25	7	50	32	15	57	40	33	17	1	..	
21' 52	29' 10	36' 27	43" 45	1' 27" 30	15	2' 55" 0	45	30	5' 6" 15	5' 50" 0	6' 34	7' ..	1	45	
54	12	30	47	35	22	10	57	45	32	20	34	18	2	..	
55	13	32	50	40	30	20	3' 39" 10	4' 23" 0	50	40	..	18	2	46	
56	15	34	52	45	37	30	22	15	5' 7" 7	5' 51" 0	35	19	3	..	
57	17	36	55	50	45	40	35	30	25	20	35	19	8' 3	47	
59	29' 18	36' 38	57	55	52	50	47	45	42	40	6' 36	7' 20	4	..	
22' 0	20	40	44" 0	1' 28" 0	2' 12" 0	2' 56" 0	3' 40" 0	4' 24" 0	5' 8" 0	5' 52" 0	36	20	4	48	132°
1	22	42	2	5	7	10	12	15	17	20	36	20	4	..	
2	23	44	5	10	15	20	25	30	35	40	37	21	5	49	
4	25	46	7	15	22	30	37	45	52	5' 53" 0	37	21	8' 5	..	
22' 5	29' 27	36' 48	10	20	30	40	50	4' 25" 0	5' 9" 10	20	6' ..	7' 22	6	50	
6	28	50	12	25	37	50	3' 41" 2	15	27	40	38	22	6	..	
7	30	52	15	1' 28" 30	45	2' 57" 0	15	30	45	5' 54" 0	38	..	7	51	
9	32	55	17	35	52	10	27	45	5' 10" 2	20	39	23	7	..	
10	33	57	44" 20	40	2' 13" 0	20	40	4' 26" 0	20	40	39	23	8' 8	52	133°
22' 11	29' 35	59	22	45	7	30	52	15	37	5' 55" 0	6' 39	7' 24	8	..	
12	37	37' 1	25	50	15	40	3' 42" 5	30	55	20	40	24	9	53	
14	38	3	27	55	22	50	17	45	5' 11" 12	40	40	25	9	..	
15	40	5	30	1' 29" 0	30	2' 58" 0	30	4' 27" 0	30	5' 56" 0	..	25	.	54	
16	42	7	32	5	37	10	42	15	47	20	41	25	8' 10	..	
22' 17	29' 43	37' 9	44" 35	10	45	20	55	30	5' 12" 5	40	6' 41	7' 26	10	55	
19	45	11	37	15	52	30	3' 43" 7	45	22	5' 57" 0	42	26	11	..	
20	47	13	40	20	2' 14" 0	40	20	4' 28" 0	40	20	42	27	11	56	134°
21	48	15	42	25	7	50	32	15	57	40	42	27	12	..	
22	50	17	45	1' 29" 30	15	2' 59" 0	45	30	5' 13" 15	5' 58" 0	43	..	8' 12	57	
22' 24	29' 52	37' 20	44" 47	35	22	10	57	45	32	20	6' 43	7' 28	13	..	
25	53	22	50	40	30	20	3' 44" 10	4' 29" 0	50	40	..	28	13	58	
26	55	24	52	45	37	30	22	15	5' 14" 7	5' 59" 0	44	29	14	..	
27	57	26	55	50	45	40	35	30	25	20	44	29	14	59	
29	58	28	57	55	52	50	47	45	42	40	45	30	15	..	

60m	Diff. pour 1s.	1"/12	1"/6	1"/4	1"/3	5"/12	1"/2	7"/12	2"/3	Secondes et degrés. — Dit. de secondes de temps. — Dis. de sec. de temps.	[illegible]
	Diff. diurne des pas.	2m	4m	6m							

	h. m.	13'	14'	15'	16'	17'	18'	19'	20'	21'	22'	23'	24'	25'	26'	27'	28'	29'	h. m. s.
30'	17 0	9' 12	9' 55	10' 37	11' 20	12' 2	12' 45	13' 27	14' 10	14' 52	15' 35	16' 17	17' 0	17' 43	18' 25	19' 7	19' 50	20' 32	2 7 30
37:	1	13	56	38	21	3	46	28	11	53	36	18	1	44	26	9	51	34	37
45	2	14	56	39	21	4	..	29	12	54	37	19	2	45	27	10	52	35	45
52:	3	14	57	39	22	5	47	30	..	55	38	20	3	46	28	11	53:	36	52
0	4	15	57	40	23	5	48	31	13	56	39	21	4	47	29	12	55	37	8 0
7:	5	9' 15	58	10' 41	11' 23	12' 6	12' 49	13' 31	14' 14	14' 57	15' 40	16' 22	17' 5	17' 48	18' 30	19' 13	19' 56	20' 39	7
15	6	16	..	41	24	7	..	32	15	58	..	23	6	49	31:	14	57	40	15
22:	7	16	59	42	25	7	50	33	16	59	41	24	7	50	33	15	58	41	22
30	8	17	10' 0	..	25	8	51	34	17	..	42	25	8	51	34	16	59	42	30
37:	9	17	0	43	26	9	52	35	..	15' 0	43	26	9	52	35	18	20' 0:	43	37
45	10	9' 18	1	10' 44	11' 27	12' 10	12' ..	13' 35	14' 18	1	15' 44	16' 27	17' 10	17' 53	18' 36	19' 19	2	20' 45	45
52:	11	18	1	44	27	10	53	36	19	2	45	28	11	54	37	20	3	46	52
0	12	19	2	45	28	11	54	37	20	3	46	29	12	55	38	21	4	47	9 0
7:	13	20	3	46	29	12	55	38	21	4	47	30	13	56	39	22	5	48	7
15	14	20	10' 3	46	29	12	..	39	22	15' 5	48	31	14	57	40	23	6	49	15
22:	15	9' 21	4	10' 47	11' 30	12' 13	12' 56	13' 39	14' ..	6	15' 49	16' 32	17' 15	58	18' 41	19' 24	20' 7:	20' 51	22
30	16	21	4	..	31	14	57	40	23	..	50	33	16	59	42	25:	9	52	30
37:	17	22	5	48	31	15	58	41	24	7	51	34	17	18' 0	43	27	10	53	37
45	18	22		49	32	15	..	42	25	8	..	35	18	1	44:	28	11	54	45
52:	19	23	6	49	33	16	59	43	26	15' 9	52	36	19	2	46	29	12	55	52
0	20	9' 23	10' 7	10' 50	11' 33	12' 17	13' 0	13' 43	14' 27	10	15' 53	16' 37	17' 20	18' 3	18' 47	19' 30	20' 13	20' 57	10 0
7:	21	24	7	51	34	17	1	44	..	11	54	38	21	4	48	31	14:	58	7
15	22	24	8	51	35	18	.	45	28	12	55	39	22	5	49	32	16	59	15
22:	23	25	8	52	35	19	2	46	29	13	56	40	23	6	50	33	17	21' 0	22
30	24	..	9	..	36	.	3	..	30	15' ..	57	..	24	7	51	34	18	1	30
37:	25	9' 26	10' 10	10' 53	11' 37	12' 20	13' 4	13' 47	14' 31	14	58	16' 41	17' 25	18' 9	18' 52	19' 36	20' 19	21' 3	37
45	26	27	10	54	37	21	.	48	32	15	59	42	26	10	53	37	20	4	45
52:	27	27	11	54	38	22	5	49	..	16	16' 0	43	27	11	54	38	21:	5	52
0	28	28	11	55	39	22	6	50	33	17	1	44	28	12	55	39	23	6	11 0
7:	29	28	12	56	39	23	7	50	34	15' 18	2	45	29	13	56	40	24	8	7
15	30	9' 29	10' ..	10' 56	11' 40	12' 24	13' .	13' 51	14' 35	19	16' .	16' 46	17' 30	18' 14	57:	19' 41	20' 25	21' 9	15
22:	31	29	13	57	41	24	8	52	36	20	3	47	31	15	59	42	26	10	22
30	32	30	14	..	41	25	9	53	37	..	4	48	32	16	19' 0	43:	27	11	30
37:	33	30	14	58	42	26	10	54	..	21	5	49	33	17	1	45	28:	12	37
45	34	31	15	59	43	27	..	54	38	15' 22	16' 6	50	34	18	2	46	30	14	45
52:	35	9' 31	10' 15	59	11' 43	12' 27	13' 11	13' 55	14' 39	23	7	16' 51	17' 35	18' 19	19' 3	19' 47	20' 31	21' 15	52
0	36	32	16	11' 0	44	28	12	56	40	24	8	52	36	20	4	48	32	16	12 0
7:	37	33	17	1	45	29	13	57	41	25	9	53	37	21	5	49	33	17	7
15	38	33	17	1	45	29	..	58	42	26	10	54	38	22	6	50	34	18	15
22:	39	34	18	2	46	30	14	58	..	15' 27	16' 11	55	39	23	7	51	35:	20	22
30	40	9' 34	10' 18	11' ..	11' 47	12' 31	13' 15	59	14' 43	..	12	16' 56	17' 40	18' 24	19' 8	19' 52:	20' 37	21' 21	30
37:	41	35	19	3	47	32	16	14' 0	44	28	13	57	41	25	9	54	38	22	37
45	42	35	..	4	48	32	..	1	45	29	..	58	42	26	10:	55	39	23	45
52:	43	36	20	4	49	33	17	2	46	30	14	59	43	27	12	56	40	24	52
0	44	36	21	11' 5	49	34	18	2	47	15' 31	16' 15	17' 0	44	28	13	57	41	26	13 0
7:	45	9' 37	10' 21	6	11' 50	12' 34	13' 19	3	14' ..	32	16	1	17' 45	18' 29	19' 14	58	20' 42:	21' 27	7
15	46	37	22	6	51	35	..	4	48	33	17	2	46	30	15	59	44	28	15
22:	47	38	22	7	51	36	20	14' 5	49	34	18	3	47	31	16	20' 0	45	29	22
30	48	..	23	.	52	..	21	.	50	..	19	.	48	32	17	1	46	30:	30
37:	49	39	24	11' 8	53	37	22	6	51	15' 35	16' 20	4	49	34	18	3	47	32	37
45	50	9' 40	10' 24	9	11' 53	12' 38	13' ..	7	14' 52	36	21	17' 5	17' 50	18' 35	19' 19	20' 4	20' 48	21' 33	45
52:	51	40	25	9	54	39	23	8	..	37	22	6	51	36	20	5	49:	34	52
0	52	41	25	10	55	39	24	9	53	38	23	7	52	37	21	6	51	35	14 0
7:	53	41	26	11	55	40	25	14' 9	54	39	24	8	53	38	22	7	52	37	7
15	54	42	..	11' 11	56	41	..	10	55	15' 40	16' ..	9	54	39	23:	8	53	38	15
22:	55	9' 42	10' 27	12	11' 57	12' 41	13' 26	11	14' 56	41	25	17' 10	17' 55	18' 40	19' 25	20' 9	20' 54	21' 39	22
30	56	43	28	..	57:	42	27	12	57	..	26	11	56	41	26	10:	55	40	30
37:	57	43	28	13	58	43	28	13	..	42	27	12	57	42	27	12	56:	41	37
45	58	44	29	14	59	44	..	13	58	43	28	13	58	43	28	13	58	43	45
52:	59	44	30	14	59	44	29	14	59	44	29	14	59	44	29	14	59	44	52

[illegible]	39m	41m	44m	46m	48m	50m	52m	54m	56m	58m	Diff. pour 1s = [illegible]

30'	40'	50'	1'	2'	3'	4'	5'	6'	7'	8'	9'	10'	11'	h. m.
22' 30	30' 0	37' 30	45" 0	1' 30" 0	2' 15" 0	3' 0" 0	3' 45" 0	[illegible]	[illegible]	[illegible]	[illegible]	[illegible]	[illegible]	[illegible]
31	2	32	2	5	7	10	12	[illegible]	[illegible]	[illegible]	[illegible]	[illegible]	[illegible]	[illegible]
32	3	34	5	10	15	20	25	[illegible]	[illegible]	[illegible]	[illegible]	[illegible]	[illegible]	[illegible]
34	5	36	7	15	22	30	37	[illegible]	[illegible]	[illegible]	[illegible]	[illegible]	[illegible]	[illegible]
35	7	38	10	20	30	40	50	[illegible]	[illegible]	[illegible]	[illegible]	[illegible]	[illegible]	[illegible]
22' 36	30' 8	37' 40	45" 12	25	37	50	3' 46" 2	[illegible]	[illegible]	[illegible]	[illegible]	[illegible]	[illegible]	[illegible]
37	10	42	15	1' 30" 30	45	3' 1" 0	15	[illegible]	[illegible]	[illegible]	[illegible]	[illegible]	[illegible]	[illegible]
39	12	45	17	35	52	10	27	[illegible]	[illegible]	[illegible]	[illegible]	[illegible]	[illegible]	[illegible]
40	13	47	20	40	2' 16" 0	20	40	[illegible]	[illegible]	[illegible]	[illegible]	[illegible]	[illegible]	[illegible]
41	15	49	22	45	7	30	52	[illegible]	[illegible]	[illegible]	[illegible]	[illegible]	[illegible]	[illegible]
22' 42	30' 17	37' 51	45" 25	50	15	40	3' 47" 5	[illegible]	[illegible]	[illegible]	[illegible]	[illegible]	[illegible]	[illegible]
44	18	53	27	55	22	50	17	[illegible]	[illegible]	[illegible]	[illegible]	[illegible]	[illegible]	[illegible]
45	20	55	30	1' 31" 0	30	3' 2" 0	30	[illegible]	[illegible]	[illegible]	[illegible]	[illegible]	[illegible]	[illegible]
46	22	57	32	5	37	10	42	[illegible]	[illegible]	[illegible]	[illegible]	[illegible]	[illegible]	[illegible]
47	23	59	35	10	45	20	55	[illegible]	[illegible]	[illegible]	[illegible]	[illegible]	[illegible]	[illegible]
[illegible]	[illegible]	[illegible]	[illegible]	[illegible]	[illegible]	[illegible]	[illegible]	[illegible]	[illegible]	[illegible]	[illegible]	[illegible]	[illegible]	[illegible]
23' 32	31' 23	39' 14	5	10	15	20	25	30	35	40	4	7' 51	8' 38	25
34	25	16	7	13	22	30	37	45	52	6' 17" 0	4	51	38	..
35	27	18	10	20	30	40	50	4' 43" 0	5' 30" 10	20	.	52	39	26
36	28	20	12	25	37	50	3' 56" 2	15	27	40	5	52	39	..
37	30	22	47" 15	1' 34" 30	45	3' 9" 0	15	30	45	6' 18" 0	7' 5	..	40	27
23' 39	31' 32	39' 25	17	35	52	10	27	45	5' 31" 2	20	6	7' 53	8' 40	..
40	33	27	20	40	2' 22" 0	20	40	4' 44" 0	20	40	6	53	41	28
41	35	29	22	45	7	30	52	15	37	6' 19" 0	6	54	41	..
42	37	31	25	50	15	40	3' 57" 5	30	55	20	7	54	42	29
44	38	33	27	55	22	50	17	45	5' 32" 12	40	7	55	42	..
66ᵐ	Diff. pour 1ˢ. Diff. diurne des pas.		1"/12 2ᵐ	1"/6 4ᵐ	1"/4 6ᵐ	1"/3	4"/10	1"/2	6"/10	2"/3	Secondes de degrés. = Diz. de secondes de temps. Diz. de sec. de temps.			

	h. m.	13'	14'	15'	16'	17'	18'	19'	20'	21'	22'	23'	24'	25'	26'	27'	28'	29'	h. m. s.
0'	18 0	9' 45	10' 30	11' 15	12' 0	12' 45	13' 30	14' 15	15' 0	15' 45	16' 30	17' 15	18' 0	18' 45	19' 30	20' 15	21' 0	21' 45	2 15 0
7	1	46	31	16	1	46	31	16	1	46	31	16	1	46	31	16	1	46	7
15	2	46	31	16	1	46	..	17	2	47	32	17	2	47	32	17	2	47	15
22	3	47	32	17	2	47	32	17	.	48	33	18	3	48	33	18	3	48	22
30	4	47	32	..	3	48	33	18	3	..	34	19	4	49	34	19	3	50	30
37	5	9' 48	10' 33	11' 18	12' 3	12' 49	13' 34	14' 19	15' 4	15' 49	16' 35	17' 20	18' 5	18' 50	19' 35	20' 21	21' 6	21' 51	37
45	6	48	..	19	4	49	..	20	5	50	..	21	6	51	36	22	7	52	45
52	7	49	34	19	5	50	35	21	6	51	36	22	7	52	38	23	8	53	52
0	8	49	35	20	5	51	36	21	7	52	37	23	8	53	39	24	9	55	16 0
7	9	50	35	21	6	51	37	22	.	53	38	24	9	54	40	25	10	56	7
15	10	9' 50	10' 36	11' 21	12' 7	12' 52	13' ..	14' 23	15' 8	15' 54	16' 39	17' 25	18' 10	18' 55	19' 41	20' 26	21' 12	21' 57	15
22	11	51	36	22	7	53	38	24	9	55	40	26	11	56	42	27	13	58	22
30	12	..	37	..	8	..	39	..	10	..	41	..	12	57	43	28	14	59	30
37	13	52	38	23	9	54	40	25	11	56	42	27	13	59	44	30	15	22' 1	37
45	14	53	38	24	9	55	..	26	12	57	43	28	14	19' 0	45	31	16	2	45
[illegible]	[illegible]	[illegible]	[illegible]	[illegible]	[illegible]	[illegible]	[illegible]	[illegible]	[illegible]	[illegible]	[illegible]	[illegible]	[illegible]	[illegible]	[illegible]	[illegible]	[illegible]	[illegible]	[illegible]
		40ᵐ	42ᵐ	44ᵐ	46ᵐ	48ᵐ	50ᵐ	52ᵐ	54ᵐ	56ᵐ	58ᵐ								Diff. pour 1ˢ = 0ˢ.3

30'	40'	50'	1'	2'	3'	4'	5'	6'	7'	8'	9'	10'	11'	h. m.
23' 45 46 47 49 50	31' 40 42 43 45 47	39' 35 37 39 41 43	47" 30 32 35 37 40	1' 35" 0 5 10 15 20	2' 22" 30 37 45 52 2' 23" 0	3' 10" 0 10 20 30 40	3' 57" 30 42 55 3' 58" 7 20	4' 45" 0 15 30 45 4' 46" 0	5' 32" 30 47 5' 33" 5 22 40	6' 20" 0 20 40 6' 21" 0 20	7' 7 8 8 9 9	7' 55 55 56 56 57	8' 42 43 43 44 44	9' 30 .. 31 .. 32
23' 51 52 54 55 56	31' 48 50 52 53 55	39' 45 47 50 52 54	47" 42 45 47 50 52	25 1' 35" 30 35 40 45	7 15 22 30 37	50 3' 11" 0 10 20 30	32 45 57 3' 59" 10 22	15 30 45 4' 47" 0 15	57 5' 34" 15 32 50 5' 35" 7	40 6' 22" 0 20 40 6' 23" 0	7' 9 10 10 .. 11	7' 57 .. 58 58 59	8' 45 45 46 46 47	.. 33 .. 34 ..
57 59 24' 0 1 2	57 58 32' 0 2 3	56 58 40' 0 2 4	55 57 48" 0 2 5	50 55 1' 36" 0 5 10	45 52 2' 24" 0 7 15	40 50 3' 12" 0 10 20	35 47 4' 0" 0 12 25	30 45 4' 48" 0 15 30	25 42 5' 36" 0 17 35	20 40 6' 24" 0 20 40	7' 11 12 12 13 13	59 8' 0 0 0 1	8' 47 48 48 48 49	35 .. 36 .. 37
24' 4 5 6 7 9	32' 5 7 8 10 12	40' 6 8 10 12 15	7 10 12 48" 15 17	15 20 25 1' 36" 30 35	22 30 37 45 52	30 40 50 3' 13" 0 10	37 50 4' 1" 2 15 27	45 4' 49" 0 15 30 45	52 5' 37" 10 27 45 5' 38" 2	6' 25" 0 20 40 6' 26" 0 20	7' 13 .. 14 14 15	8' 1 2 2 .. 8' 3	8' 49 50 50 51 51	.. 38 .. 39 ..
24' 10 11 13 14 15	32' 13 15 17 18 20	40' 17 19 21 23 25	20 22 25 27 48" 30	40 45 50 55 1' 37" 0	2' 25" 0 7 15 22 30	20 30 40 50 3' 14" 0	40 52 4' 2" 5 17 30	4' 50" 0 15 30 45 4' 51" 0	20 37 55 5' 39" 12 30	40 6' 27" 0 20 40 6' 28" 0	7' 15 15 16 16 ..	3 4 4 5 5	8' 52 52 53 53 ..	40 .. 41 .. 42
24' 16 17 19 20 21	32' 22 23 25 27 28	40' 27 29 31 33 35	32 35 37 40 42	5 10 15 20 25	37 45 52 2' 26" 0 7	10 20 30 40 50	42 55 4' 3" 7 20 32	15 30 45 4' 52" 0 15	47 5' 40" 5 22 40 57	20 40 6' 29" 0 20 40	7' 17 17 18 18 18	8' 5 6 6 7 7	8' 54 54 55 55 56	.. 43 .. 44 ..
24' 22 24 25 26 27	32' 30 32 33 35 37	40' 37 40 42 44 46	48" 45 47 50 52 55	1' 37" 30 35 40 45 50	15 22 30 37 45	3' 15" 0 10 20 30 40	45 57 4' 4" 10 22 35	30 45 4' 53" 0 15 30	5' 41" 15 32 50 5' 42" 7 25	6' 30" 0 20 40 6' 31" 0 20	7' 19 19 .. 20 20	8' 8 8 9 9	8' 56 57 57 58 58	45 .. 46 .. 47
24' 29 30 31 32 34	32' 38 40 42 43 45	40' 48 50 52 54 56	57 49" 0 2 5 7	55 1' 38" 0 5 10 15	52 2' 27" 0 7 15 22	50 3' 16" 0 10 20 30	47 4' 5" 0 12 25 37	45 4' 54" 0 15 30 45	42 5' 43" 0 17 35 52	40 6' 32" 0 20 40 6' 33" 0	7' 21 21 21 22 22	8' 10 10 10 11 11	8' 59 59 59 9' 0 0	.. 48 .. 49 ..
24' 35 36 37 39 40	32' 47 48 50 52 53	58 41' 0 2 5 7	49" 10 12 15 17 20	20 25 1' 38" 30 35 40	30 37 45 52 2' 28" 0	40 50 3' 17" 0 10 20	50 4' 6" 2 15 27 40	4' 55" 0 15 30 45 4' 56" 0	5' 44" 10 27 45 5' 45" 2 20	20 40 6' 34" 0 20 40	7' .. 23 23 24 24	8' 12 12 .. 13 13	9' 1 1 2 3 3	50 .. 51 .. 52
24' 41 42 44 45 46	55 57 58 33' 0 2	41' 9 11 13 15 17	22 25 27 30 32	45 50 55 1' 39" 0 5	7 15 22 30 37	30 40 50 3' 18" 0 10	52 4' 7" 5 17 30 42	15 30 4' 57" 0 15 30	37 55 5' 46" 12 30 47	6' 35" 0 20 40 6' 36" 0 20	7' 24 25 25 .. 26	8' 14 14 15 15 15	9' 3 4 4 .. 5	.. 53 .. 54 ..
24' 47 49 50 51 52	3 5 7 8 10	41' 19 21 23 25 27	49" 35 37 40 42 45	10 15 20 25 1' 39" 30	45 52 2' 29" 0 7 15	20 30 40 50 3' 19" 0	4' 8" 7 20 32 45 57	30 45 4' 58" 0 15 30	5' 47" 5 22 40 57 5' 48" 15	40 6' 37" 0 20 40 6' 38" 0	7' 26 27 27 27 28	8' 16 16 17 17 ..	9' 5 6 6 7 7	55 .. 56 .. 57
24' 54 55 56 57 59	33' 12 13 15 17 18	41' 30 32 34 36 38	49" 47 50 52 55 57	35 40 45 50 55	22 30 37 45 52	10 20 30 40 50	4' 9" 10 22 35 47	45 4' 59" 0 15 30 45	32 50 5' 49" 7 25 42	20 40 6' 39" 0 20 40	7' 28 .. 29 29 30	8' 18 18 19 19 20	9' 8 8 9 .. 10	.. 58 .. 59 ..
30ᵉ	Diff. pour 1ᵉ. / Diff. diurne des pas.		1"/12 2ᵉ	1"/6 4ᵉ	1"/4 6ᵉ	1"/3	4"/10	1"/2	6"/10	2"/3	Secondes de degrés. = Diz. de secondes de temps. / Diz. de sec. de temps.	[illegible]		

	h. m.	13'	14'	15'	16'	17'	18'	19'	20'	21'	22'	23'	24'	25'	26'	27'	28'	29'	h. m. s.
142° 30'	19 0	10' 17	11' 5	11' 52	12' 40	13' 27	14' 15	15' 2	15' 50	16' 37	17' 25	18' 12	19' 0	19' 48	20' 35	21' 22:	22' 10	22' 57:	2 22 30
37:	1	18	6	53	41	28	16	3	51	38	26	13	1	49	36	24	11	59	37
45	2	19	6	54	41	29	..	4	52	39	27	14	2	50	37	25	12	23' 0	45
52:	3	19	7	54	42	30	17	5	..	40	28	15	3	51	38	26	13:	1	52
143° 0	4	20	7	55	43	30	18	6	53	41	29	16	4	52	39	27	15	2	23 0
7:	5	10' 20	11' 8	56	12' 43	13' 31	14' 19	15' 6	54	16' 42	17' 30	18' 17	19' 5	19' 53	20' 40	21' 28	22' 16	23' 4	7
15	6	21	.	11' 56	44	32	..	7	15' 55	43	..	18	6	54	41:	29	17	5	15
22:	7	21	9	57	45	32	20	8	56	44	31	19	7	55	43	30	18	6	22
30	8	22	10	..	45	33	21	9	57	..	32	20	8	56	44	31:	19	7	30
37:	9	22	10	58	46	34	22	10	..	45	33	21	9	57	45	33	20:	8	37
45	10	10' 23	11' 11	59	12' 47	13' 35	14' ..	15' 10	58	16' 46	17' 34	18' 22	19' 10	58	20' 46	21' 34	22' 22	23' 10	45
52:	11	23	11	59	47	35	23	11	59	47	35	23	11	59	47	35	23	11	52
144° 0	12	24	12	12' 0	48	36	24	12	16' 0	48	36	24	12	20' 0	48	36	24	12	24 0
7:	13	25	13	1	49	37	25	13	1	49	37	25	13	1	49	37	25	13	7
15	14	25	13	1	49	37	..	14	2	50	38	26	14	2	50	38	26	14	15
22:	15	10' 26	11' 14	12' 2	12' 50	13' 38	14' 26	15' 14	16' ..	16' 51	17' 39	18' 27	19' 15	20' 3	20' 51	21' 39	22' 27:	23' 16	22
30	16	26	14	.	51	39	27	15	3	..	40	28	16	4	52	40:	29	17	30
37:	17	27	16	3	51:	40	28	16	4	52	41	29	17	5	53	42	30	18	37
45	18	27	..	4	52	40	..	17	5	53	..	30	18	6	54:	43	31	19	45
52:	19	28	16	4	53	41	29	18	6	54	42	31	19	7	56	44	32	20	52
145° 0	20	10' 28	11' 17	12' 5	12' 53	13' 42	14' 30	15' 18	16' 7	16' 55	17' 43	18' 32	19' 20	20' 8	20' 57	21' 45	22' 33	23' 22	25 0
7:	21	29	17	6	54	42	31	19	.	56	44	33	21	9	58	46	34:	23	7
15	22	29	18	6	55	43	..	20	8	57	45	34	22	10	59	47	36	24	15
22:	23	30	18	7	55	44	32	21	9	58	46	35	23	11	21' 0	48	37	25	22
30	24	..	19	.	56	..	33	..	10	..	47	..	24	12	1	49:	38	26	30
37:	25	10' 31	11' 20	12' 8	12' 57	13' 45	14' 34	15' 22	16' 11	59	17' 48	18' 36	19' 25	20' 14	21' 2	21' 51	22' 39	23' 28	37
45	26	32	20	9	57	46	..	23	12	17' 0	49	37	26	15	3	52	40	29	45
52:	27	32	21	9	58	47	35	24	..	1	50	38	27	16	4	53	41:	30	52
146° 0	28	33	21	10	59	47	36	25	13	2	51	39	28	17	5	54	43	31	26 0
7:	29	33	22	11	59	48	37	25	14	3	52	40	29	18	6	55	44	33	7
15	30	10' 34	11' ..	12' 11	13' 0	13' 49	14' ..	15' 26	16' 15	17' 4	17' ..	18' 41	19' 30	20' 19	21' 7:	21' 56	22' 45	23' 34	15
22:	31	34	23	12	1	49	38	27	16	5	53	42	31	20	9	57	46	35	22
30	32	35	24	..	1	50	39	28	17	.	54	43	32	21	10	58:	47	36	30
37:	33	35	24	13	2	51	40	29	..	6	55	44	33	22	11	22' 0	48:	37	37
45	34	36	25	14	3	52	..	29	18	7	56	45	34	23	12	1	50	39	45
52:	35	10' 36	11' 25	12' 14	13' 3	13' 52	14' 41	15' 30	16' 19	17' 8	17' 57	18' 46	19' 35	20' 24	21' 13	22' 2	22' 51	23' 40	52
147° 0	36	37	26	15	4	53	42	31	20	9	58	47	36	25	14	3	52	41	27 0
7:	37	38	27	16	5	54	43	32	21	10	59	48	37	26	15	4	53	42	7
15	38	38	27	16	5	54	..	33	22	11	18' 0	49	38	27	16	5	54	43	15
22:	39	39	28	15	6	55	44	33	..	12	1	50	39	28	17	6	55:	45	22
30	40	10' 39	11' 28	12' ..	13' 7	13' 56	14' 45	15' 34	16' 23	17' ..	18' 2	18' 51	19' 40	20' 29	21' 18	22' 7:	22' 57	23' 46	30
37:	41	40	29	18	7	57	46	35	24	13	3	52	41	30	19	9	58	47	37
45	42	40	..	19	8	57	..	36	25	14	.	53	42	31	20:	10	59	48	45
52:	43	41	30	19	9	58	47	37	26	15	4	54	43	32	22	11	23' 0	49	52
148° 0	44	41	31	20	9	59	48	37	27	16	5	55	44	33	23	12	1	51	28 0
7:	45	10' 42	11' 31	12' 21	13' 10	59	14' 49	15' 38	16' ..	17' 17	18' 6	18' 56	19' 45	20' 34	21' 24	22' 13	23' 2:	23' 52	7
15	46	42	32	21	11	14' 0	..	39	28	18	7	57	46	35	25	14	4	53	15
22:	47	43	32	22	11	1	50	40	29	19	8	58	47	36	26	15	5	54	22
30	48	..	33	..	12	.	51	..	30	..	9	..	48	37	27	16:	6	55:	30
37:	49	44	34	23	13	2	52	41	31	20	10	59	49	39	28	18	7	57	37
45	50	10' 45	11' 34	12' 24	13' 13	14' 3	14' ..	15' 42	16' 32	17' 21	18' 11	19' 0	19' 50	20' 40	21' 29	22' 19	23' 8	58	45
52:	51	45	35	24	14	4	53	43	..	22:	12	1	51	41	30	20	9:	59	52
149° 0	52	46	35	25	15	4	54	44	33	23	13	2	52	42	31	21	11	24' 0	29 0
7:	53	46	36	26	15	5	55	44	34	24	14	3	53	43	32	22	12	2	7
15	54	47	..	26	16	6	..	45	35	25	..	4	54	44	33:	23	13	3	15
22:	55	10' 47	11' 37	12' 27	13' 17	14' 6	14' 56	15' 46	16' 36	17' 26	18' 15	19' 5	19' 55	20' 45	21' 35	22' 24	23' 14	24' 4	22
30	56	48	38	..	17	7	57	47	37	..	16	6	56	46	36	25:	15	5	30
37:	57	48	38	28	18	8	58	48	..	27	17	7	57	47	37	27	16:	6	37
45	58	49	39	29	19	9	..	48	38	28	18	8	58	48	38	28	18	8	45
52:	59	49	39	29	19	0	59	49	39	29	19	9	59	49	39	29	19	9	52
	[illegible]								40ᵐ	42ᵐ	44ᵐ	46ᵐ	48ᵐ	50ᵐ	52ᵐ	54ᵐ	56ᵐ	58ᵐ	Diff. pour 1ᵉ = 0"3.

30'	40'	50'	1'	2'	3'	4'	5'	6'	7'	8'	9'	10'	11'	h. m.	
25' 0	33' 20	41' 40	50" 0	1' 40" 0	2' 30" 0	3' 20" 0	4' 10" 0	5' 0" 0	5' 50" 0	6' 40" 0	7' 30	8' 20	9' 10	10' 0	15 50
1	22	42	2	5	7	10	12	15	17	20	30	20	10	.	
2	23	44	5	10	15	20	25	30	35	40	31	21	11	1	
4	25	46	7	15	22	30	37	45	52	6' 41" 0	31	21	11	.	
5	27	48	10	20	30	40	50	5' 1" 0	5' 51" 10	20	..	22	12	2	
25' 6	33' 28	41' 50	50" 12	25	37	50	4' 11" 2	15	27	40	7' 32	8' 22	9' 12	.	
7	30	52	15	1' 40" 30	45	3' 21" 0	15	30	45	6' 42" 0	32	.	13	3	
9	32	55	17	35	52	10	27	45	5' 52" 2	20	33	23	13	.	
10	33	57	20	40	2' 31" 0	20	40	5' 2" 0	20	40	33	23	14	4	15 51
11	35	59	22	45	7	30	52	15	37	6' 43" 0	33	24	14	.	
25' 12	33' 37	42' 1	50" 25	50	15	40	4' 12" 5	30	55	20	7' 34	8' 24	9' 15	5	
14	38	3	27	55	22	50	17	45	5' 53" 12	40	34	25	15	.	
15	40	5	30	1' 41" 0	30	3' 22" 0	30	5' 3" 0	30	6' 44" 0	..	25	.	6	
16	42	7	32	5	37	10	42	15	47	20	35	25	16	.	
17	43	9	35	10	45	20	55	30	5' 54" 5	40	35	26	16	7	
25' 19	33' 45	42' 11	50" 37	15	52	30	4' 13" 7	45	22	6' 45" 0	7' 36	8' 26	9' 17	.	
20	47	13	40	20	2' 32" 0	40	20	5' 4" 0	40	20	36	27	17	8	15 52
21	48	15	42	25	7	50	32	15	57	40	36	27	18	.	
22	50	17	45	1' 41" 30	15	3' 23" 0	45	30	5' 55" 15	6' 46" 0	37	..	18	9	
24	52	20	47	35	22	10	57	45	32	20	37	28	19	.	
25' 25	33' 53	42' 22	50" 50	40	30	20	4' 14" 10	5' 5" 0	50	40	7' ..	8' 28	9' 19	10	
26	55	24	52	45	37	30	22	15	5' 56" 7	6' 47" 0	38	29	20	..	
27	57	26	55	50	45	40	35	30	25	20	38	29	20	11	
29	58	28	57	55	52	50	47	45	42	40	39	30	21	..	
30	34' 0	30	51" 0	1' 42" 0	2' 33" 0	3' 24" 0	4' 15" 0	5' 6" 0	5' 57" 0	6' 48" 0	39	30	21	12	15 53
25' 31	2	42' 32	2	5	7	10	12	15	17	20	7' 39	8' 30	9' 21	..	
32	3	34	5	10	15	20	25	30	35	40	40	31	22	13	
34	5	36	7	15	22	30	37	45	52	6' 49" 0	40	31	22	..	
35	7	38	10	20	30	40	50	5' 7" 0	5' 58" 10	20	..	32	23	14	
36	8	40	51" 12	25	37	50	4' 16" 2	15	27	40	41	32	23	..	
25' 37	34' 10	42' 42	15	1' 42" 30	45	3' 25" 0	15	30	45	6' 50" 0	7' 41	8' ..	9' 24	15	
39	12	45	17	35	52	10	27	45	5' 59" 2	20	42	33	24	..	
40	13	47	20	40	2' 34" 0	20	40	5' 8" 0	20	40	42	33	25	16	15 54
41	15	49	22	45	7	30	52	15	37	6' 51" 0	42	34	25	..	
42	17	51	51" 25	50	15	40	4' 17" 5	30	55	20	43	34	26	17	
25' 44	34' 18	42' 53	27	55	22	50	17	45	6' 0" 12	40	7' 43	8' 35	9' 26	..	
45	20	55	30	1' 43" 0	30	3' 26" 0	30	5' 9" 0	30	6' 52" 0	..	35	..	18	
46	22	57	32	5	37	10	42	15	47	20	44	35	27	..	
47	23	59	35	10	45	20	55	30	6' 1" 5	40	44	36	27	19	
49	25	43' 1	37	15	52	30	4' 18" 7	45	22	6' 53" 0	45	36	28	..	
25' 50	34' 27	3	40	20	2' 35" 0	40	20	5' 10" 0	40	20	7' 45	8' 37	9' 28	20	15 55
51	28	5	51" 42	25	7	50	32	15	57	40	45	37	29	..	
52	30	7	45	1' 43" 30	15	3' 27" 0	45	30	6' 2" 15	6' 54" 0	46	..	29	21	
54	32	10	47	35	22	10	57	45	32	20	46	38	30	..	
55	33	12	50	40	30	20	4' 19" 10	5' 11" 0	50	40	..	38	30	22	
25' 56	34' 35	43' 14	52	45	37	30	22	15	6' 3" 7	6' 55" 0	7' 47	8' 39	9' 31	..	
57	37	16	55	50	45	40	35	30	25	20	47	39	31	23	
59	38	18	57	55	52	50	47	45	42	40	48	40	32	..	
26' 0	40	20	52" 0	1' 44" 0	2' 36" 0	3' 28" 0	4' 20" 0	5' 12" 0	6' 4" 0	6' 56" 0	48	40	32	24	15 56
1	42	22	2	5	7	10	12	15	17	20	48	40	32	..	
2	34' 43	43' 24	5	10	15	20	25	30	35	40	7' 49	8' 41	9' 33	25	
4	45	26	7	15	22	30	37	45	52	6' 57" 0	49	41	33	..	
5	47	28	10	20	30	40	50	5' 13" 0	6' 5" 10	20	..	42	34	26	
6	48	30	12	25	37	50	4' 21" 2	15	27	40	50	42	34	..	
7	50	32	15	1' 44" 30	45	3' 29" 0	15	30	45	6' 58" 0	50	..	35	27	
26' 9	34' 52	43' 35	52" 17	35	52	10	27	45	6' 6" 2	20	7' 51	8' 43	9' 35	..	
10	53	37	20	40	2' 37" 0	20	40	5' 14" 0	20	40	51	43	36	28	15 57
11	55	39	22	45	7	30	52	15	37	6' 59" 0	51	44	36	..	
12	57	41	25	50	15	40	4' 22" 5	30	55	20	52	44	37	29	
14	58	43	27	55	22	50	17	45	6' 7" 12	40	52	45	37	..	
60"	Diff. pour 1s.	1"/12	1"/6	1"/4	1"/3	4"/10	1"/2	6"/10	2"/3	Secondes de degrés, = Dix. de secondes de temps.	[illegible]				
	Diff. diurne des pas.	2s	4s	6s						Dix. de sec. de temps.	[illegible]				

	h. m.	13'	14'	15'	16'	17'	18'	19'	20'	21'	22'	23'	24'	25'	26'	27'	28'	29'	h. m.
0'	20 0	10' 50	11' 40	12' 30	13' 20	14' 10	15' 0	15' 50	16' 40	17' 30	18' 20	19' 10	20' 0	20' 50	21' 40	22' 30	23' 20	24' 10	2 30
7:	1	51	41	31	21	11	1	51	41	31	21	11	1	51	41	31	21	11	
15	2	51	41	31	21	11	.	52	42	32	22	12	2	52	42	32	22	12	
22:	3	52	42	32	22	12	2	52	..	33	23	13	3	53	43	33	23:	14	
30	4	52	42	..	23	13	3	53	43	..	24	14	4	54	44	34:	25	15	
37:	5	10' 53	11' 43	12' 33	13' 23	14' 14	15' 4	54	16' 44	17' 34	18' 25	19' 15	20' 5	20' 55	21' 45	22' 36	23' 26	24' 16	
45	6	53	..	34	24	14	.	55	45	35	..	16	6	56	46:	37	27	17	
52:	7	54	44	34	25	15	5	15' 56	46	36	26	17	7	57	48	38	28	18	
0	8	54	45	35	25	16	6	56	47	37	27	18	8	58	49	39	29	20	31
7:	9	55	45	36	26	16	7	57	..	38	28	19	9	59	50	40	30:	21	
15	10	55	11' 46	12' 36	13' 27	14' 17	15' .	58	16' 48	17' 39	18' 29	19' 20	20' 10	21' 0	21' 51	22' 41	23' 32	24' 22	
22:	11	56	46	37	27	18	8	59	49	40	30	21	11	1	52	42	33	23	
30	12	10' ..	47	..	28	..	9	..	50	..	31	..	12	2	53	43:	34	24:	
37:	13	57	48	38	29	19	10	16' 0	51	41	32	22	13	4	54	45	35	26	
45	14	58	48	39	29	20	..	1	52	42	33	23	14	5	55	46	36	27	
52:	15	58	11' 49	12' 39	13' 30	14' 21	15' 11	16' 2	16' ..	17' 43	18' 34	19' 24	20' 15	21' 6	21' 56	22' 47	23' 37:	24' 28	
0	16	59	49	40	31	21	12	3	53	44	35	25	16	7	57	48	39	29	32
7:	17	59	50	41	31	22	13	3	54	45	36	26	17	8	58	49	40	31	
15	18	11' 0	..	41	32	23	..	4	55	46	..	27	18	9	59:	50	41	32	
22:	19	0	51	42	33	23	14	5	56	47	37	28	19	10	22' 1	51	42	33	
30	20	11' 1	11' 52	12' ..	13' 33	14' 24	15' 15	16' 6	16' 57	17' ..	18' 38	19' 29	20' 20	21' 11	2	22' 52:	23' 43	24' 34	
37:	21	1	52	43	34	25	16	7	..	48	39	30	21	12	3	54	44:	35	
45	22	2	53	44	35	26	..	7	58	49	40	31	22	13	4	55	46	37	
52:	23	2	53	44	35	26	17	8	59	50	41	32	23	14	5	56	47	38	
0	24	3	54	45	36	27	18	9	17' 0	51	42	33	24	15	6	57	48	39	33
7:	25	11' 4	11' 55	12' 46	13' 37	14' 28	15' 19	10	1	17' 52	18' 43	19' 34	20' 25	21' 16	22' 7	58	23' 49	24' 40	
15	26	4	55	46	37	28	..	11	2	53	44	35	26	17	8	59	50	41	
22:	27	5	56	47	38	29	20	16' 11	.	54	45	36	27	18	9	23' 0	51:	43	
30	28	5	56	..	39	30	21	12	3	..	46	37	28	19	10	1:	53	44	
37:	29	6	57	48	39	31	22	13	4	55	47	38	29	20	11	3	54	45	
45	30	11' 6	11' ..	12' 49	13' 40	14' 31	15' ..	14	17' 5	17' 56	18' ..	19' 39	20' 30	21' 21	22' 12:	23' 4	23' 55	24' 46	
52:	31	7	58	49	41	32	23	15	6	57	48	40	31	22	14	5	56	47	
0	32	7	59	50	41	33	24	15	7	58	49	41	32	23	15	6	57	49	34
7:	33	8	59	51	42	33	25	16' 16	.	59	50	42	33	24	16	7	58:	50	
15	34	8	12' 0	51	43	34	..	17	8	18' 0	51	43	34	25	17	8	24' 0	51	
22:	35	11' 9	0	12' 52	13' 43	14' 35	15' 26	18	17' 9	1	18' 52	19' 44	20' 35	21' 26	22' 18	23' 9	1	24' 52	
30	36	.	1	..	44	..	27	..	10	.	53	..	36	27	19	10:	2	53:	
37:	37	10	2	53	45	36	28	19	11	2	54	45	37	29	20	12	3	55	
45	38	11	2	54	45	37	..	20	12	3	55	46	38	30	21	13	4	56	
52:	39	11	3	54	46	38	29	16' 21	..	4	56	47	39	31	22	14	5	57	
0	40	11' 12	12' 3	12' 55	13' 47	14' 38	15' 30	22	17' 13	18' 5	18' 57	19' 48	20' 40	21' 32	22' 23	23' 15	24' 7	58	35
7:	41	12	4	56	47	39	31	22	14	6	58	49	41	33	24	16	8	25' 0	
15	42	13	..	56	48	40	..	23	15	7	..	50	42	34	25:	17	9	1	
22:	43	13	5	57	49	40	32	24	16	8	59	51	43	35	27	18	10	2	
30	44	14	6	..	49	41	33	16' 25	17	..	19' 0	52	44	36	28	19	11	3	
37:	45	11' 14	12' 6	12' 58	13' 50	14' 42	15' 34	26	17' ..	18' 9	1	19' 53	20' 45	21' 37	22' 29	23' 21	24' 12:	25' 4	
45	46	15	7	59	51	43	..	26	18	10	2	54	46	38	30	22	14	6	
52:	47	15	7	59	51	43	35	27	19	11	3	55	47	39	31	23	15	7	
0	48	16	8	13' 0	52	44	36	28	20	12	4	56	48	40	32	24	16	8	36
7:	49	17	9	1	53	45	37	29	21	13	19' 5	57	49	41	33	25	17	9	
15	50	11' 17	12' 9	13' 1	13' 53	14' 45	15' ..	16' 30	17' 22	18' 14	6	58	20' 50	21' 42	22' 34	23' 26	24' 18	25' 10	
22:	51	18	10	2	54	46	38	30	..	15	7	59	51	43	35	27	19	12	
30	52	18	10	.	55	47	39	31	23	..	8	20' 0	52	44	36	28	21	13	
37:	53	19	11	3	55	48	40	32	24	16	9	1	53	45	37	30	22	14	
45	54	19	..	4	56	48	..	33	25	17	.	2	54	46	38	31	23	15	
52:	55	11' 20	12' 12	13' 4	13' 57	14' 49	15' 41	16' 34	17' 26	18' 18	19' 10	20' 3	20' 55	21' 47	22' 40	23' 32	24' 24	25' 16	
0	56	20	13	5	57	50	42	34	27	19	11	4	56	48	41	33	25	18	37
7:	57	21	13	6	58	50	43	35	..	20	12	5	57	49	42	34	26:	19	
15	58	21	14	6	59	51	..	36	28	21	13	6	58	50	43	35	28	20	
22:	59	22	14	7	59	52	44	37	29	22	14	7	59	51	44	36	29	21	
	[illegible]									40"	42"	44"	46"	48"	50"	52"	54"	56"	58"

Diff. p… 1s = 0"…

30'	40'	50'	1'	2'	3'	4'	5'	6'	7'	8'	9'	10'	11'	h. m.		
15"	35' 0"	43' 45"	52" 30	1' 43" 0	2' 37" 30	3' 30" 0	4' 22" 30	5' 15" 0	6' 7" 30	7' 0" 0	7' 52	8' 45	9' 37	10' 30	157°	30'
16	2	47	32	5	37	10	42	15	47	20	53	45	38	..		37:
17	3	49	35	10	45	20	55	30	6' 8" 5	40	53	46	38	31		45
19	5	51	37	15	52	30	4' 23" 7	45	22	7' 1" 0	54	46	39	..		52:
20	7	53	40	20	2' 38" 0	40	20	5' 16" 0	40	20	54	47	39	32	158°	0
21	35' 8	55	42	25	7	50	32	15	57	40	7' 54	8' 47	9' 40	..		7:
22	10	57	52" 45	1' 45" 30	15	3' 31" 0	45	30	6' 9" 15	7' 2" 0	55	..	40	33		15
24	12	44' 0	47	35	22	10	57	45	32	20	55	48	41	..		22:
25	13	2	50	40	30	20	4' 24" 10	5' 17" 0	50	40	..	48	41	34		30
26	15	4	52	45	37	30	22	15	6' 10" 7	7' 3" 0	56	49	42	..		37:
27	35' 17	44' 6	55	50	45	40	35	30	25	20	7' 56	8' 49	9' 42	35		45
29	18	8	57	55	52	50	47	45	42	40	57	50	43	..		52:
30	20	10	53" 0	1' 46" 0	2' 39" 0	3' 32" 0	4' 25" 0	5' 18" 0	6' 11" 0	7' 4" 0	57	50	43	36	159°	0
31	22	12	2	5	7	10	12	15	17	20	57	50	43	..		7:
32	23	14	5	10	15	20	25	30	35	40	58	51	44	37		15
34	35' 25	44' 16	7	15	22	30	37	45	52	7' 5" 0	7' 58	8' 51	9' 44	..		22:
35	27	18	10	20	30	40	50	5' 19" 0	6' 12" 10	20	..	52	45	38		30
36	28	20	12	25	37	50	4' 26" 2	15	27	40	59	52	45	..		37:
37	30	22	53" 15	1' 46" 30	45	3' 33" 0	15	30	45	7' 6" 0	59	..	46	39		45
39	32	25	17	35	52	10	27	45	6' 13" 2	20	8' 0	53	46	..		52:
40	35' 33	44' 27	20	40	2' 40" 0	20	40	5' 20" 0	20	40	8' 0	8' 53	9' 47	40	160°	0
41	35	29	22	45	7	30	52	15	37	7' 7" 0	0	54	47	..		7:
42	37	31	25	50	15	40	4' 27" 5	30	55	20	1	54	48	41		15
44	38	33	27	55	22	50	17	45	6' 14" 12	40	1	55	48	..		22:
45	40	35	53" 30	1' 47" 0	30	3' 34" 0	30	5' 21" 0	30	7' 8" 0	.	55	..	42		30
46	35' 42	44' 37	32	5	37	10	42	15	47	20	8' 2	8' 55	9' 49	..		37:
47	43	39	35	10	45	20	55	30	6' 15" 5	40	2	56	49	43		45
49	45	41	37	15	52	30	4' 28" 7	45	22	7' 9" 0	3	56	50	..		52:
50	47	43	40	20	2' 41" 0	40	20	5' 22" 0	40	20	3	57	50	44	161°	0
51	48	45	42	25	7	50	32	15	57	40	3	57	51	..		7:
52	35' 50	44' 47	53" 45	1' 47" 30	15	3' 35" 0	45	30	6' 16" 15	7' 10" 0	8' 4	8' ..	9' 51	45		15
54	52	50	47	35	22	10	57	45	32	20	4	58	52	..		22:
55	53	52	50	40	30	20	4' 29" 10	5' 23" 0	50	40	.	58	52	46		30
56	55	54	52	45	37	30	22	15	6' 17" 7	7' 11" 0	5	59	53	..		37:
57	57	56	55	50	45	40	35	30	25	20	5	59	53	47		45
59	58	58	57	55	52	50	47	45	42	40	8' 6	9' 0	9' 54	..		52:
0	36' 0	45' 0	54" 0	1' 48" 0	2' 42" 0	3' 36" 0	4' 30" 0	5' 24" 0	6' 18" 0	7' 12" 0	6	0	54	48	162°	0
1	2	2	2	5	7	10	12	15	17	20	6	0	54	..		7:
2	3	4	5	10	15	20	25	30	35	40	7	1	55	49		15
4	5	6	7	15	22	30	37	45	52	7' 13" 0	7	1	55	..		22:
5	36' 7	45' 8	54" 10	20	30	40	50	5' 25" 0	6' 19" 10	20	8' .	9' 2	9' 56	50		30
6	8	10	12	25	37	50	4' 31" 2	15	27	40	8	2	56	..		37:
7	10	12	15	1' 48" 30	45	3' 37" 0	15	30	45	7' 14" 0	8	.	57	51		45
9	12	15	17	35	52	10	27	45	6' 20" 2	20	9	3	57	..		52:
10	13	17	54" 20	40	2' 43" 0	20	40	5' 26" 0	20	40	9	3	58	52	163°	0
11	36' 15	45' 19	22	45	7	30	52	15	37	7' 15" 0	8' 9	9' 4	9' 58	..		7:
12	17	21	25	50	15	40	4' 32" 5	30	55	20	10	4	59	53		15
14	18	23	27	55	22	50	17	45	6' 21" 12	40	10	5	59	..		22:
15	20	25	30	1' 49" 0	30	3' 38" 0	30	5' 27" 0	30	7' 16" 0	..	5	..	54		30
16	22	27	32	5	37	10	42	15	47	20	11	5	10' 0	..		37:
17	36' 23	45' 29	54" 35	10	45	20	55	30	6' 22" 5	40	8' 11	9' 6	0	55		45
19	25	31	37	15	52	30	4' 33" 7	45	22	7' 17" 0	12	6	1	..		52:
20	27	33	40	20	2' 44" 0	40	20	5' 28" 0	40	20	12	7	1	56	164°	0
21	28	35	42	25	7	50	32	15	57	40	12	7	2	..		7:
22	30	37	45	1' 49" 30	15	3' 39" 0	45	30	6' 23" 15	7' 18" 0	13	.	2	57		15
24	36' 32	45' 40	54" 47	35	22	10	57	45	32	20	8' 13	9' 8	10' 3	..		22:
25	33	42	50	40	30	20	4' 34" 10	5' 29" 0	50	40	..	8	3	58		30
26	35	44	52	45	37	30	22	15	6' 24" 7	7' 19" 0	14	9	4	..		37:
27	37	46	55	50	45	40	35	30	25	20	14	9	4	59		45
29	38	48	57	55	52	50	47	45	42	40	15	10	5	..		52:
[illegible]	Diff. pour 1ᵐ. / Diff. diurne des pas.		1"/12 — 2ᵐ	1"/6 — 4ᵐ	1"/4 — 6ᵐ	1"/3	4"/10	1"/2	6"/10	2"/3	Secondes de degrés. = Diz. de secondes de temps. / Dix. de sec. de temps.		[illegible]			

h. m.	13'	14'	15'	16'	17'	18'	19'	20'	21'	22'	23'	24'	25'	26'	27'	28'	29'	h.m.s.
24 0	11' 22	12' 15	13' 7	14' 0	14' 52	15' 45	16' 37	17' 30	18' 22	19' 15	20' 7	21' 0	21' 53	22' 45	23' 37:	24' 30	25' 22:	2 37 30
1	23	16	8	1	53	46	38	31	23	16	8	1	54	46	39	31	24	37
2	24	16	9	1	54	..	39	32	24	17	9	2	55	47	40	32	25	45
3	24	17	9	2	55	47	40	..	25	18	10	3	56	48	41	33:	26	52
4	25	17	10	3	55	48	41	33	26	19	11	4	57	49	42	35	27	38 0
5	11' 25	12' 18	13' 11	14' 3	14' 56	15' 49	16' 41	17' 34	18' 27	19' 20	20' 12	21' 5	58	22' 50	23' 43	24' 36	25' 29	7
6	26	..	11	4	57	..	42	35	28	..	13	6	59	51:	44	37	30	15
7	26	19	12	5	57	50	43	36	29	21	14	7	22' 0	53	45	38	31	22
8	27	20	..	5	58	51	44	37	..	22	15	8	1	54	46:	39	32	30
9	27	20	13	6	59	52	45	..	30	23	16	9	2	55	48	40:	33	37
10	11' 28	12' 21	13' 14	14' 7	15' 0	15' ..	16' 45	17' 38	18' 31	19' 24	20' 17	21' 10	22' 3	22' 56	23' 49	24' 42	25' 35	45
11	28	21	14	7	0	53	46	39	32	25	18	11	4	57	50	43	36	52
12	29	22	15	8	1	54	47	40	33	26	19	12	5	58	51	44	37	39 0
13	30	23	16	9	2	55	48	41	34	27	20	13	6	59	52	45	38	7
14	30	23	16	9	2	..	49	42	35	28	21	14	7	23' 0	53	46	39	15
15	11' 31	12' 24	13' 17	14' 10	15' 3	15' 56	16' 49	17' ..	18' 36	19' 29	20' 22	21' 15	22' 8	23' 1	23' 54	24' 47:	25' 41	22
16	31	24	..	11	4	57	50	43	..	30	23	16	9	2	55:	49	42	30
17	32	25	18	11	5	58	51	44	37	31	24	17	10	3	57	50	43	37
18	32	..	19	12	5	..	52	45	38	..	25	18	11	4:	58	51	44	45
19	33	26	19	13	6	59	53	46	39	32	26	19	12	6	59	52	45	52
20	11' 33	12' 27	13' 20	14' 13	15' 7	16' 0	16' 53	17' 47	18' 40	19' 33	20' 27	21' 20	22' 13	23' 7	24' 0	24' 53	25' 47	40 0
21	34	27	21	14	7	1	54	..	41	34	28	21	14	8	1	54:	48	7
22	34	28	21	15	8	.	55	48	42	35	29	22	15	9	2	56	49	15
23	35	28	22	15	9	2	56	49	43	36	30	23	16	10	3	57	50	22
24	..	29	..	16	.	3	..	50	..	37	..	24	17	11	4:	58	51:	30
25	11' 36	12' 30	13' 23	14' 17	15' 10	16' 4	16' 57	17' 51	18' 44	19' 38	20' 31	21' 25	22' 19	23' 12	24' 6	59	25' 53	37
26	37	30	24	17	11	.	58	52	45	39	32	26	20	13	7	25' 0	54	45
27	37	31	24	18	12	5	59	..	46	40	33	27	21	14	8	1:	55	52
28	38	31	25	19	12	6	17' 0	53	47	41	34	28	22	15	9	3	56	41 0
29	38	32	26	19	13	7	0	54	48	42	35	29	23	16	10	4	58	7
30	11' 39	12' ..	13' 26	14' 20	15' 14	16' .	17' 1	17' 55	18' 49	19' ..	20' 36	21' 30	22' 24	23' 17:	24' 11	25' 5	59	15
31	39	33	27	21	14	8	2	56	50	43	37	31	25	19	12	6	26' 0	22
32	40	34	..	21	15	9	3	57	..	44	38	32	26	20	13:	7	1	30
33	40	34	28	22	16	10	4	..	51	45	39	33	27	21	15	8:	2	37
34	41	35	29	23	17	..	4	58	52	46	40	34	28	22	16	10	4	45
35	11' 41	12' 35	13' 29	14' 23	15' 17	16' 11	17' 5	59	18' 53	19' 47	20' 41	21' 35	22' 29	23' 23	24' 17	25' 11	26' 5	52
36	42	36	30	24	18	12	6	18' 0	54	48	42	36	30	24	18	12	6	42 0
37	43	37	31	25	19	13	7	1	55	49	43	37	31	25	19	13	7	7
38	43	37	31	25	19	..	8	2	56	50	44	38	32	26	20	14	8	15
39	44	38	32	26	20	14	8	.	57	51	45	39	33	27	21	15:	10	22
40	11' 44	12' 38	13' ..	14' 27	15' 21	16' 15	17' 9	18' 3	18' ..	19' 52	20' 46	21' 40	22' 34	23' 28	24' 22:	25' 17	26' 11	30
41	45	39	33	27	22	16	10	4	58	53	47	41	35	29	24	18	12	37
42	45	..	34	28	22	..	11	5	59	..	48	42	36	30:	25	19	13	45
43	46	40	34	29	23	17	12	6	19' 0	54	49	43	37	32	26	20	14	52
44	46	41	35	29	24	18	12	7	1	55	50	44	38	33	27	21	16	43 0
45	11' 47	12' 41	13' 36	14' 30	15' 24	16' 19	17' 13	18' .	19' 2	19' 56	20' 51	21' 45	22' 39	23' 34	24' 28	25' 22:	26' 17	7
46	47	42	36	31	25	..	14	8	3	57	52	46	40	35	29	24	18	15
47	48	42	37	31	26	20	15	9	4	58	53	47	41	36	30	25	19	22
48	..	43	..	32	.	21	..	10	.	59	..	48	42	37	31:	26	20:	30
49	49	44	38	33	27	22	16	11	5	20' 0	54	49	44	38	33	27	22	37
50	11' 50	12' 44	13' 39	14' 33	15' 28	16' ..	17' 17	18' 12	19' 6	1	20' 55	21' 50	22' 45	23' 39	24' 34	25' 28	26' 23	45
51	50	45	39	34	29	23	18	..	7	2	56	51	46	40	35	29:	24	52
52	51	45	40	35	29	24	19	13	8	3	57	52	47	41	36	31	25	44 0
53	51	46	41	35	30	25	19	14	9	4	58	53	48	42	37	32	27	7
54	52	..	41	36	31	..	20	15	10	20' .	59	54	49	43:	38	33	28	15
55	11' 52	12' 47	13' 42	14' 37	15' 31	16' 26	17' 21	18' 16	19' 11	5	21' 0	21' 55	22' 50	23' 45	24' 39	25' 34	26' 29	22
56	53	48	..	37	32	27	22	17	..	6	1	56	51	46	40	35	30	30
57	53	48	43	38	33	28	23	..	12	7	2	57	52	47	42:	36:	31	37
58	54	49	44	39	34	..	23	18	13	8	3	58	53	48	43	38	33	45
59	54	49	44	39	34	29	24	19	14	9	4	59	54	49	44	39	34	52
[illegible]								40ᵐ	42ᵐ	44ᵐ	46ᵐ	48ᵐ	50ᵐ	52ᵐ	54ᵐ	56ᵐ	58ᵐ	Diff. pour 1ᵐ = 0".3

30'	40'	50'	1'	2'	3'	4'	5'	6'	7'	8'	9'	10'	11'	h. m.	
27' 30	36' 40	45' 50	55" 0	1' 50" 0	2' 45" 0	3' 40" 0	4' 35" 0	5' 30" 0	6' 25" 0	7' 20" 0	8' 15	9' 10	10' 5	11' 0	165°
31	42	52	2	5	7	10	12	15	17	20	15	10	5	.	
32	43	54	5	10	15	20	25	30	35	40	16	11	6	1	
34	45	56	7	15	22	30	37	45	52	7' 21" 0	16	11	6	.	
35	47	58	10	20	30	40	50	5' 31" 0	6' 26" 10	20	..	12	7	2	
27' 36	36' 48	46' 0	55" 12	25	37	50	4' 36" 2	15	27	40	8' 17	9' 12	10' 7	.	
37	50	2	15	1' 50" 30	45	3' 41" 0	15	30	45	7' 22" 0	17	..	8	3	
39	52	5	17	35	52	10	27	45	6' 27" 2	20	18	13	8	.	
40	53	7	20	40	2' 46" 0	20	40	5' 32" 0	20	40	18	13	9	4	166°
41	55	9	22	45	7	30	52	15	37	7' 23" 0	18	14	9	.	
27' 42	57	46' 11	55" 25	50	15	40	4' 37" 5	30	55	20	8' 19	9' 14	10' 10	5	
44	58	13	27	55	22	50	17	45	6' 28" 12	40	19	15	10	.	
45	37' 0	15	30	1' 51" 0	30	3' 42" 0	30	5' 33" 0	30	7' 24" 0	..	16	..	6	
46	2	17	32	5	37	10	42	15	47	20	20	15	11	.	
47	3	19	35	10	45	20	55	30	6' 29" 5	40	20	16	11	7	
27' 49	37' 5	46' 21	55" 37	15	52	30	4' 38" 7	45	22	7' 25" 0	8' 21	9' 16	10' 12	.	
50	7	23	40	20	2' 47" 0	40	20	5' 34" 0	40	20	21	17	12	8	167°
51	8	25	42	25	7	50	32	15	57	40	21	17	13	.	
52	10	27	45	1' 51" 30	15	3' 43" 0	45	30	6' 30" 15	7' 26" 0	22	..	13	9	
54	12	30	47	35	22	10	57	45	32	20	22	18	14	.	
27' 55	37' 13	46' 32	55" 50	40	30	20	4' 39" 10	5' 35" 0	50	40	8' ..	9' 18	10' 14	10	
56	15	34	52	45	37	30	22	15	6' 31" 7	7' 27" 0	23	19	15	..	
57	17	36	55	50	45	40	35	30	25	20	23	19	15	11	
59	18	38	57	55	52	50	47	45	42	40	24	20	16	..	
28' 0	20	40	56" 0	1' 52" 0	2' 48" 0	3' 44" 0	4' 40" 0	5' 36" 0	6' 32" 0	7' 28" 0	24	20	16	12	168°
1	37' 22	46' 42	2	5	7	10	12	15	17	20	8' 24	9' 20	10' 16	..	
2	23	44	5	10	15	20	25	30	35	40	25	21	17	13	
4	25	46	7	15	22	30	37	45	52	7' 29" 0	25	21	17	..	
5	27	48	10	20	30	40	50	5' 37" 0	6' 33" 10	20	..	22	18	14	
6	28	50	12	25	37	50	4' 41" 2	15	27	40	26	22	18	..	
28' 7	37' 30	46' 52	56" 15	1' 52" 30	45	3' 45" 0	15	30	45	7' 30" 0	8' 26	9' ..	10' 19	15	
9	32	55	17	35	52	10	27	45	6' 34" 2	20	27	23	19	..	
10	33	57	20	40	2' 49" 0	20	40	5' 38" 0	20	40	27	23	20	16	169°
11	35	59	22	45	7	30	52	15	37	7' 31" 0	27	24	20	..	
12	37	47' 1	25	50	15	40	4' 42" 5	30	55	20	28	24	21	17	
28' 14	37' 38	3	56" 27	55	22	50	17	45	6' 35" 12	40	8' 28	9' 25	10' 21	.	
15	40	5	30	1' 53" 0	30	3' 46" 0	30	5' 39" 0	30	7' 32" 0	..	25	..	18	
16	42	7	32	5	37	10	42	15	47	20	29	25	22	..	
17	43	9	35	10	45	20	55	30	6' 36" 5	40	29	26	22	19	
19	45	11	37	15	52	30	4' 43" 7	45	22	7' 33" 0	30	26	23	..	
28' 20	37' 47	47' 13	40	20	2' 50" 0	40	20	5' 40" 0	40	20	8' 30	9' 27	10' 23	20	170°
21	48	15	42	25	7	50	32	15	57	40	30	27	24	..	
22	50	17	56" 45	1' 53" 30	15	3' 47" 0	45	30	6' 37" 15	7' 34" 0	31	..	24	21	
24	52	20	47	35	22	10	57	45	32	20	31	28	25	..	
25	53	22	50	40	30	20	4' 44" 10	5' 41" 0	50	40	..	28	25	22	
28' 26	37' 55	47' 24	52	45	37	30	22	15	6' 38" 7	7' 35" 0	8' 32	9' 29	10' 26	..	
27	57	26	55	50	45	40	35	30	25	20	32	29	26	23	
29	58	28	57	55	52	50	47	45	42	40	33	30	27	..	
30	38' 0	30	57" 0	1' 54" 0	2' 51" 0	3' 48" 0	4' 45" 0	5' 42" 0	6' 39" 0	7' 36" 0	33	30	27	24	171°
31	2	32	2	5	7	10	12	15	17	20	33	30	27	..	
28' 32	38' 3	47' 34	5	10	15	20	25	30	35	40	8' 34	9' 31	10' 28	25	
34	5	36	7	15	22	30	37	45	52	7' 37" 0	34	31	28	..	
35	7	38	10	20	30	40	50	5' 43" 0	6' 40" 10	20	..	32	29	26	
36	8	40	12	25	37	50	4' 46" 2	15	27	40	35	32	29	..	
37	10	42	15	1' 54" 30	45	3' 49" 0	15	30	45	7' 38" 0	35	..	30	27	
28' 39	38' 12	47' 45	57" 17	35	52	10	27	45	6' 41" 2	20	8' 36	9' 33	10' 30	..	
40	13	47	20	40	2' 52" 0	20	40	5' 44" 0	20	40	36	33	31	28	172°
41	15	49	22	45	7	30	52	15	37	7' 39" 0	36	34	31	..	
42	17	51	25	50	15	40	4' 47" 5	30	55	20	37	34	32	29	
44	18	53	27	55	22	50	17	45	6' 42" 12	40	37	33	32	..	
60m	Diff. pour 1°.		1"/12	1"/6	1"/4	1"/3	4"/10	1"/2	6"/10	2"/3	Secondes de degrés. = Diz. de secondes de temps.		[illegible]		
	Diff. diurne des pos.		2m	4m	6m						Diz. de sec. de temps.		[illegible]		

	h. m.	13'	14'	15'	16'	17'	18'	19'	20'	21'	22'	23'	24'	25'	26'	27'	28'	29'	h. m. s.
0'	22 0	11' 55	12' 50	13' 45	14' 40	15' 35	16' 30	17' 25	18' 20	19' 15	20' 10	21' 5	22' 0	22' 55	23' 50	24' 45	25' 40"	26' 35	2 45 0
7:	1	56	51	46	41	36	31	26	21	16	11	6	1	56	51	46	41	36	7
15	2	56	51	46	41	36	..	27	22	17	12	7	2	57	52	47	42	37	15
22:	3	57	52	47	42	37	32	27	..	18	13	8	3	58	53	48	43:	39	22
30	4	57	52	..	43	38	33	28	23	..	14	9	4	59	54	49:	45	40	30
37:	5	11' 58	12' 53	13' 48	14' 43	15' 39	16' 34	17' 29	18' 24	19' 19	20' 15	21' 10	22' 5	23' 0	23' 55	24' 51	25' 46	26' 41	37
45	6	58	..	49	44	39	..	30	25	20	..	11	6	1	56:	52	47	42	45
52:	7	59	54	49	45	40	35	31	26	21	16	12	7	2	58	53	48	43	52
0	8	59	55	50	45	41	36	31	27	22	17	13	8	3	59	54	49	45	46 0
7:	9	12' 0	55	51	46	41	37	32	..	23	18	14	9	4	24' 0	55	50:	46	7
15	10	0	12' 56	13' 51	14' 47	15' 42	16' ..	17' 33	18' 28	19' 24	20' 19	21' 15	22' 10	23' 5	1	24' 56	25' 52	26' 47	15
22:	11	1	56	52	47	43	38	34	29	25	20	16	11	6	2	57	53	48	22
30	12	.	57	..	48	..	39	..	30	..	21	..	12	7	3	58:	54	49:	30
37:	13	2	58	53	49	44	40	35	31	26	22	17	13	9	4	25' 0	55	51	37
45	14	3	58	54	49	45	..	36	32	27	23	18	14	10	5	1	56	52	45
52:	15	12' 3	59	13' 54	14' 50	15' 46	16' 41	17' 37	18' ..	19' 28	20' 24	21' 19	22' 15	23' 11	24' 6	25' 2	57:	26' 53	52
0	16	4	59	55	51	46	42	38	33	29	25	20	16	12	7	3	59	54	47 0
7:	17	4	13' 0	56	51	47	43	38	34	30	26	21	17	13	8	4	26' 0	56	7
15	18	5	.	56	52	48	..	39	35	31	..	22	18	14	9:	5	1	57	15
22:	19	5	1	57	53	48	44	40	36	32	27	23	19	15	11	6	2	58	22
30	20	12' 6	13' 2	13' ..	14' 53	15' 49	16' 45	17' 41	18' 37	19' ..	20' 28	21' 24	22' 20	23' 16	24' 13	25' 7:	26' 3	59	30
37:	21	6	2	58	54	50	46	42	..	33	29	25	21	17	13	9	4:	27' 0	37
45	22	7	3	59	55	51	..	42	38	34	30	26	22	18	14	10	6	2	45
52:	23	7	3	59	55	51	47	43	39	35	31	27	23	19	15	11	7	3	52
0	24	8	4	14' 0	56	52	48	44	40	36	32	28	24	20	16	12	8	4	48 0
7:	25	12' 9	13' 5	1	14' 57	15' 53	16' 49	17' 45	18' 41	19' 37	20' 33	21' 29	22' 25	23' 21	24' 17	25' 13	26' 9	27' 5	7
15	26	9	5	1	57	53	..	46	42	38	34	30	26	22	18	14	10	6	15
22:	27	10	6	2	58	54	50	46	..	39	35	31	27	23	19	15	11:	8	22
30	28	10	6	.	59	55	51	47	43	..	36	32	28	24	20	16:	13	9	30
37:	29	11	7	14' 3	59	56	52	48	44	40	37	33	29	25	21	18	14	10	37
45	30	12' 11	13' .	4	15' 0	15' 56	16' ..	17' 49	18' 45	19' 41	20' ..	21' 34	22' 30	23' 26	24' 22:	25' 19	26' 15	27' 11	45
52:	31	12	8	4	1	57	53	50	46	42	38	35	31	27	24	20	16	12	52
0	32	12	9	5	1	58	54	50	47	43	39	36	32	28	25	21	17	14	49 0
7:	33	13	9	6	2	58	55	51	..	44	40	37	33	29	26	22	18:	15	7
15	34	13	10	14' 6	3	59	..	52	48	45	41	38	34	30	27	23	20	16	15
22:	35	12' 14	13' 10	7	15' 3	16' 0	16' 56	17' 53	18' 49	19' 46	20' 42	21' 39	22' 35	23' 31	24' 28	25' 24	26' 21	27' 17	22
30	36	..	11	.	4	.	57	..	50	..	43	..	36	32	29	25:	22	18:	30
37:	37	15	12	8	5	1	58	54	51	47	44	40	37	34	30	27	23	20	37
45	38	16	12	9	5	2	..	55	52	48	45	41	38	35	31	28	24	21	45
52:	39	16	13	14' 9	6	3	59	56	..	49	46	42	39	36	32	29	25:	22	52
0	40	12' 17	13' 13	10	15' 7	16' 3	17' 0	17' 57	18' 53	19' 50	20' 47	21' 43	22' 40	23' 37	24' 33	25' 30	26' 27	27' 23	50 0
7:	41	17	14	11	7	4	1	57	54	51	48	44	41	38	34	31	28	25	7
15	42	18	..	11	8	5	.	58	55	52	..	45	42	39	35:	32	29	26	15
22:	43	18	15	12	9	5	2	59	56	53	49	46	43	40	37	33	30	27	22
30	44	19	16	14' ..	9	6	3	18' 0	57	..	50	47	44	41	38	34:	31	28	30
37:	45	12' 19	13' 16	13	15' 10	16' 7	17' 4	1	18' ..	19' 54	20' 51	21' 48	22' 45	23' 42	24' 39	25' 36	26' 32:	27' 29	37
45	46	20	17	14	11	8	.	1	58	55	52	49	46	43	40	37	34	31	45
52:	47	20	17	14	11	8	5	2	59	56	53	50	47	44	41	38	35	32	52
0	48	21	18	15	12	9	6	3	19' 0	57	54	51	48	45	42	39	36	33	51 0
7	49	22	19	14' 16	13	10	7	18' 4	1	58	55	52	49	46	43	40	37	34	7
15	50	12' 22	13' 19	16	15' 13	16' 10	17' .	5	2	59	20' 56	21' 53	22' 50	23' 47	24' 44	25' 41	26' 38	27' 35	15
22:	51	23	20	17	14	11	8	5	.	20' 0	57	54	51	48	45	42	39:	37	22
30	52	23	20	..	15	12	9	6	3	.	58	55	52	49:	46	43:	41	38	30
37:	53	24:	21	18	15	13	10	7	4	1	59	56	53	50:	47	45	42	39	37
45	54	24:	..	14' 19	16	13	..	18' 8	19' 5	2	..	57	54	51	48:	46	43	40	45
52:	55	12' 25	13' 22	19	15' 17	16' 14	17' 11	9	6	20' 3	21' 0	21' 58	22' 55	23' 52	24' 50	25' 47	26' 44	27' 41	52
0	56	25	23	20	17	15	12	9	7	4	1	59	56	53	51	48	45:	43	52 0
7:	57	26	23	21	18	15	13	10	.	5	2	22' 0	57	54	52	49	46:	44	7
15	58	26	24	21	19	16	..	11	8	6	3	1	58	55	53	50	48	45	15
22:	59	27	24	22	19	17	14	12	9	7	4	2	59	56	54	51	49	46	22
	[illegible]								40m	42m	44m	46m	48m	50m	52m	54m	56m	58m	Diff. pour 1' = 0"3.

30'	40'	50'	1'	2'	3'	4'	5'	6'	7'	8'	9'	10'	11'	h. m.
28' 45	38' 20	47' 55	57" 30	1' 53" 0	2' 52" 30	3' 50" 0	4' 47" 30	5' 45" 0	6' 42" 30	7' 40" 0	8' 37	9' 35	10' 32	11' 30
46	22	57	32	5	37	10	42	15	47	20	38	35	33	..
47	23	59	35	10	45	20	55	30	6' 43" 5	40	38	36	33	31
49	25	48' 1	37	15	52	30	4' 48" 7	45	22	7' 41" 0	39	36	34	..
50	27	3	40	20	2' 53" 0	40	20	5' 46" 0	40	20	39	37	34	32
28' 51	38' 28	48' 5	42	25	7	50	32	15	57	40	8' 39	9' 37	10' 35	..
52	30	7	57" 45	1' 55" 30	15	3' 51" 0	45	30	6' 44" 15	7' 42" 0	40	..	35	33
54	32	10	47	35	22	10	57	45	32	20	40	38	36	..
55	33	12	50	40	30	20	4' 50" 10	5' 47" 0	50	40	..	38	36	34
56	35	14	52	45	37	30	22	15	6' 45" 7	7' 43" 0	41	39	37	..
57	38' 37	48' 16	55	50	45	40	35	30	25	20	8' 41	9' 39	10' 37	35
59	38	18	57	55	52	50	47	45	42	40	42	40	38	..
29' 0	40	20	58" 0	1' 56" 0	2' 54" 0	3' 52" 0	4' 50" 0	5' 48" 0	6' 46" 0	7' 44" 0	42	40	38	36
1	42	22	2	5	7	10	12	15	17	20	42	40	38	..
2	43	24	5	10	15	20	25	30	35	40	43	41	39	37
29' 4	38' 45	48' 26	7	15	22	30	37	45	52	7' 45" 0	8' 43	9' 41	10' 39	..
5	47	28	10	20	30	40	50	5' 49" 0	6' 47" 10	20	..	42	40	38
6	48	30	12	25	37	50	4' 51" 2	15	27	40	44	42	40	..
7	50	32	15	1' 56" 30	45	3' 53" 0	15	30	45	7' 46" 0	44	..	41	39
9	52	35	58" 17	35	52	10	27	45	6' 48" 2	20	45	43	41	..
29' 10	38' 53	48' 37	20	40	2' 55" 0	20	40	5' 50" 0	20	40	8' 45	9' 43	10' 42	40
11	55	39	22	45	7	30	52	15	37	7' 47" 0	45	44	42	..
12	57	41	25	50	15	40	4' 52" 5	30	55	20	46	44	43	41
14	58	43	27	55	22	50	17	45	6' 49" 12	40	46	45	43	..
15	39' 0	45	30	1' 57" 0	30	3' 54" 0	30	5' 51" 0	30	7' 48" 0	..	45	..	42
29' 16	39' 2	48' 47	58" 32	5	37	10	42	15	47	20	8' 47	9' 45	10' 44	..
17	3	49	35	10	45	20	55	30	6' 50" 5	40	47	46	44	43
19	5	51	37	15	52	30	4' 53" 7	45	22	7' 50" 0	48	46	45	..
20	7	53	40	20	2' 56" 0	40	20	5' 52" 0	40	20	48	47	45	44
21	8	55	42	25	7	50	32	15	57	40	48	47	46	..
29' 22	39' 10	57	45	1' 57" 30	15	3' 55" 0	45	30	6' 51" 15	7' 50" 0	8' 49	9' ..	10' 46	45
24	12	49' 0	58" 47	35	22	10	57	45	32	20	49	48	47	..
25	13	2	50	40	30	20	4' 54" 10	5' 53" 0	50	40	..	48	47	46
26	15	4	52	45	37	30	22	15	6' 52" 7	7' 51" 0	50	49	48	..
27	17	6	55	50	45	40	35	30	25	20	50	49	48	47
29' 29	39' 18	49' 8	57	55	52	50	47	45	42	40	8' 51	9' 50	10' 49	..
30	20	10	59" 0	1' 58" 0	2' 57" 0	3' 56" 0	4' 55" 0	5' 54" 0	6' 53" 0	7' 52" 0	51	50	49	48
31	22	12	2	5	7	10	12	15	17	20	51	50	49	..
32	23	14	5	10	15	20	25	30	35	40	52	51	50	49
34	25	16	7	15	22	30	37	45	52	7' 53" 0	52	51	50	..
29' 35	39' 27	49' 18	59" 10	20	30	40	50	5' 55" 0	6' 54" 10	20	8' ..	9' 52	10' 51	50
36	28	20	12	25	37	50	4' 56" 2	15	27	40	53	52	51	..
37	30	22	15	1' 58" 30	45	3' 57" 0	15	30	45	7' 54" 0	53	..	52	51
39	32	25	17	35	52	10	27	45	6' 55" 2	20	54	53	52	..
40	33	27	20	40	2' 58" 0	20	40	5' 56" 0	20	40	54	53	53	52
29' 41	39' 35	49' 29	59" 22	45	7	30	52	15	37	7' 55" 0	8' 54	9' 54	10' 53	..
42	37	31	25	50	15	40	4' 57" 5	30	55	20	55	54	54	53
44	38	33	27	55	22	50	17	45	6' 56" 12	40	55	55	54	..
45	40	35	30	1' 59" 0	30	3' 58" 0	30	5' 57" 0	30	7' 56" 0	..	55	..	54
46	42	37	32	5	37	10	42	15	47	20	56	55	55	..
29' 47	39' 43	49' 39	59" 35	10	45	20	55	30	6' 57" 5	40	8' 56	9' 56	10' 55	55
49	45	41	37	15	52	30	4' 58" 7	45	22	7' 57" 0	57	56	56	..
50	47	43	40	20	2' 59" 0	40	20	5' 58" 0	40	20	57	57	56	56
51	48	45	42	25	7	50	32	15	57	40	57	57	57	..
52	50	47	45	1' 59" 30	15	3' 59" 0	45	30	6' 58" 15	7' 58" 0	58	..	57	57
29' 54	39' 52	49' 50	59" 47	35	22	10	57	45	32	20	8' 58	9' 58	10' 58	..
55	53	52	50	40	30	20	4' 59" 10	5' 59" 0	50	40	..	58	58	58
56	55	54	52	45	37	30	22	15	6' 59" 7	7' 59" 0	59	59	59	..
57	57	56	55	50	45	40	35	30	25	20	59	59	59	59
59	58	58	57	55	52	50	47	45	42	40	9' 0	10' 0	11' 0	..

00m	Diff pour 1s.	1"/12	1"/6	1"/4	1"/3	4"/10	1"/2	6"/10	2"/3	Secondes de degrés = Dix. de secondes de temps.
	Diff. diurne des pas.	2m	4m	6m						Dix. de sec. de temps.

h. m.	13'	14'	15'	16'	17'	18'	19'	20'	21'	22'	23'	24'	25'	26'	27'	28'	29'	h. m. s.
23 0	12' 27	13' 25	14' 22	15' 20	16' 17	17' 15	18' 12	19' 10	20' 7	21' 5	22' 2	23' 0	23' 58	24' 55	25' 52	26' 50	27' 47	2 52 30
1	28	26	23	21	18	16	13	11	8	6	3	1	59	56	54	51	49	37
2	29	26	24	21	19	..	14	12	9	7	4	2	24' 0	57	55	52	50	45
3	29	27	24	22	20	17	15	..	10	8	5	3	1	58	56	53	51	52
4	30	27	25	23	20	18	16	13	11	9	6	4	2	59	57	55	52	53 0
5	12' 30	13' 28	14' 26	15' 23	16' 21	17' 19	18' 16	19' 14	20' 12	21' 10	22' 7	23' 5	24' 3	25' 0	58	26' 56	27' 54	7
6	31	..	26	24	22	..	17	15	13	..	8	6	4	1	59	57	55	15
7	31	29	27	25	22	20	18	16	14	11	9	7	5	3	26' 0	58	56	22
8	32	30	..	25	23	21	19	17	..	12	10	8	6	4	1	59	57	30
9	32	30	28	26	24	22	20	..	15	13	11	9	7	5	3	27' 0	58	37
10	12' 33	13' 31	14' 29	15' 27	16' 25	17' ..	18' 20	19' 18	20' 16	21' 14	22' 12	23' 10	24' 8	25' 6	26' 4	2	28' 0	45
11	33	31	29	27	25	23	21	19	17	15	13	11	9	7	5	3	1	52
12	34	32	30	28	26	24	22	20	18	16	14	12	10	8	6	4	2	54 0
13	35	33	31	29	27	25	23	21	19	17	15	13	11	9	7	5	3	7
14	35	33	31	29	27	..	24	22	20	18	16	14	12	10	8	6	4	15
15	12' 36	13' 34	14' 32	15' 30	16' 28	17' 26	18' 24	19' ..	20' 21	21' 19	22' 17	23' 15	24' 13	25' 11	26' 9	27' 7	28' 6	22
16	36	34	..	31	29	27	25	23	..	20	18	16	14	12	10	9	7	30
17	37	35	33	31	30	28	26	24	22	21	19	17	15	13	12	10	8	37
18	37	..	34	32	30	..	27	25	23	..	20	18	16	14	13	11	9	45
19	38	36	34	33	31	29	28	26	24	22	21	19	17	16	14	12	10	52
20	12' 38	13' 37	14' 35	15' 33	16' 32	17' 30	18' 28	19' 27	20' 25	21' 23	22' 22	23' 20	24' 18	25' 17	26' 15	27' 13	28' 12	55 0
21	39	37	36	34	32	31	29	..	26	24	23	21	19	18	16	14	13	7
22	39	38	36	35	33	..	30	28	27	25	24	22	20	19	17	16	14	15
23	40	38	37	35	34	32	31	29	28	26	25	23	21	20	18	17	15	22
24	..	39	..	36	.	33	..	30	..	27	..	24	22	21	19	18	16	30
25	12' 41	13' 40	14' 38	15' 37	16' 35	17' 34	18' 32	19' 31	20' 29	21' 28	22' 26	23' 25	24' 24	25' 22	26' 21	27' 19	28' 18	37
26	42	40	39	37	36	..	33	32	30	29	27	26	25	23	22	20	19	45
27	42	41	39	38	37	35	34	..	31	30	28	27	26	24	23	21	20	52
28	43	41	40	39	37	36	35	33	32	31	29	28	27	25	24	23	21	56 0
29	43	42	41	39	38	37	35	34	33	32	30	29	28	26	25	24	23	7
30	12' 44	13' ..	14' 41	15' 40	16' 39	17' ..	18' 36	19' 35	20' 34	21' ..	22' 31	23' 30	24' 29	25' 27	26' 26	27' 25	28' 24	15
31	44	43	42	41	39	38	37	36	35	33	32	31	30	29	27	26	25	22
32	45	44	..	41	40	39	38	37	..	34	33	32	31	30	29	27	26	30
33	45	44	43	42	41	40	39	..	36	35	34	33	32	31	30	28	27	37
34	46	45	44	43	42	..	39	38	37	36	35	34	33	32	31	30	29	45
35	12' 46	13' 45	14' 44	15' 43	16' 42	17' 41	18' 40	19' 39	20' 38	21' 37	22' 36	23' 35	24' 34	25' 33	26' 32	27' 31	28' 30	52
36	47	46	45	44	43	42	41	40	39	38	37	36	35	34	33	32	31	57 0
37	48	47	46	45	44	43	42	41	40	39	38	37	36	35	34	33	32	7
38	48	47	46	45	44	..	43	42	41	40	39	38	37	36	35	34	33	15
39	49	48	47	46	45	44	43	..	42	41	40	39	38	37	36	35	35	22
40	12' 49	13' 48	14' ..	15' 47	16' 46	17' 45	18' 44	19' 43	20' ..	21' 42	22' 41	23' 40	24' 39	25' 38	26' 37	27' 37	28' 36	30
41	50	49	48	47	47	46	45	44	43	43	42	41	40	39	39	38	37	37
42	50	..	49	48	47	..	46	45	44	..	43	42	41	40	40	39	38	45
43	51	50	49	49	48	47	47	46	45	44	44	43	42	42	41	40	39	52
44	51	51	50	49	49	48	47	47	46	45	45	44	43	43	42	41	41	58 0
45	12' 52	13' 51	14' 51	15' 50	16' 49	17' 49	18' 48	19' ..	20' 47	21' 46	22' 46	23' 45	24' 44	25' 44	26' 43	27' 42	28' 42	7
46	52	52	51	51	50	..	49	48	48	47	47	46	45	45	44	44	43	15
47	53	52	52	51	51	50	50	49	49	48	48	47	46	46	45	45	44	22
48	..	53	..	52	..	51	..	50	..	49	..	48	47	47	46	46	45	30
49	54	54	53	53	52	52	51	51	50	50	49	49	49	48	48	47	47	37
50	12' 55	13' 54	14' 54	15' 53	16' 53	17' ..	18' 52	19' 52	20' 51	21' 51	22' 50	23' 50	24' 50	25' 49	26' 49	27' 48	28' 48	45
51	55	55	54	54	54	53	53	..	52	52	51	51	51	50	50	49	49	52
52	56	55	55	55	54	54	54	53	53	53	52	52	52	51	51	51	50	59 0
53	56	56	56	55	55	55	54	54	54	54	53	53	53	52	52	52	52	7
54	57	..	56	56	56	..	55	55	55	..	54	54	54	53	53	53	53	15
55	12' 57	13' 57	14' 57	15' 57	16' 56	17' 56	18' 56	19' 56	20' 56	21' 55	22' 55	23' 55	24' 55	25' 55	26' 54	27' 54	28' 54	22
56	58	58	..	57	57	57	57	57	..	56	56	56	56	56	55	55	55	30
57	58	58	58	58	58	58	58	..	57	57	57	57	57	57	57	56	56	37
58	59	59	59	59	59	..	58	58	58	58	58	58	58	58	57	58	58	45
59	59	59	59	59	59	59	59	59	59	59	59	59	59	59	59	59	59	52

	40m	42m	44m	46m	48m	50m	52m	54m	56m	58m	Diff. pour 1s = 0"[illegible]

Table *na*,

ou

PRODUITS DE LA MARCHE DIURNE DU CHRONOMÈTRE PAR LE NOMBRE DES JOURS ENTIERS QUI S'Y SONT ÉCOULÉS.

Jours	2'	3'	4'	5'	6'	7'	8'	9'	10'	11'	12'	13'	14'	15'	16'	17'	18'	19'	20'
	m. s.	m. s.	m. s.	m. s.	m. s.	m. s.	m. s.	m. s.	m. s.	m. s.	m. s.	m. s.	m. s.	m. s.	m. s.	m. s.	m. s.	m. s.	m. s.
1	0 2	0 3	0 4	0 5	0 6	0 7	0 8	0 9	0 10	0 11	0 12	0 13	0 14	0 15	0 16	0 17	0 18	0 19	0 20
2	4	6	8	10	12	14	16	18	20	22	24	26	28	30	32	34	36	38	40
3	6	9	12	15	18	21	24	27	30	33	36	39	42	45	48	51	54	57	1 0
4	8	12	16	20	24	28	32	36	40	44	48	52	56	1 0	1 4	1 8	1 12	1 16	20
5	10	15	20	25	30	35	40	45	50	55	1 0	1 5	1 10	15	20	25	30	35	40
6	12	18	24	30	36	42	48	54	1 0	1 6	12	18	24	30	36	42	48	54	2 0
7	14	21	28	35	42	49	56	1 3	10	17	24	31	38	45	52	59	2 6	2 13	20
8	16	24	32	40	48	56	1 4	12	20	28	36	44	52	2 0	2 8	2 16	24	32	40
9	18	27	36	45	54	1 3	12	21	30	39	48	57	2 6	15	24	33	42	51	3 0
10	20	30	40	50	1 0	10	20	30	40	50	2 0	2 10	20	30	40	50	3 0	3 10	20
11	22	33	44	55	6	17	28	39	50	2 1	12	23	34	45	56	3 7	18	29	40
12	24	36	48	1 0	12	24	36	48	2 0	12	24	36	48	3 0	3 12	24	36	48	4 0
13	26	39	52	5	18	31	44	57	10	23	36	49	3 2	15	28	41	54	4 7	20
14	28	42	56	10	24	38	52	2 6	20	34	48	3 2	16	30	44	58	4 12	26	40
15	30	45	1 0	15	30	45	2 0	15	30	45	3 0	15	30	45	4 0	4 15	30	45	5 0
16	32	48	4	20	36	52	8	24	40	56	12	28	44	4 0	16	32	48	5 4	20
17	34	51	8	25	42	59	16	33	50	3 7	24	41	58	15	32	49	5 6	23	40
18	36	54	12	30	48	2 6	24	42	3 0	18	36	54	4 12	30	48	5 6	24	42	6 0
19	38	57	16	35	54	13	32	51	10	29	48	4 7	26	45	5 4	23	42	6 1	20
20	40	1 0	20	40	2 0	20	40	3 0	20	40	4 0	20	40	5 0	20	40	6 0	20	40
21	42	3	24	45	6	27	48	9	30	51	12	33	54	15	36	57	18	39	7 0
22	44	6	28	50	12	34	56	18	40	4 2	24	46	5 8	30	52	6 14	36	58	20
23	46	9	32	55	18	41	3 4	27	50	13	36	59	22	45	6 8	31	54	7 17	40
24	48	12	36	2 0	24	48	12	36	4 0	24	48	5 12	36	6 0	24	48	7 12	36	8 0
25	50	15	40	5	30	55	20	45	10	35	5 0	25	50	15	40	7 5	30	55	20
26	52	18	44	10	36	3 2	28	54	20	46	12	38	6 4	30	56	22	48	8 14	40
27	54	21	48	15	42	9	36	4 3	30	57	24	51	18	45	7 12	39	8 6	33	9 0
28	56	24	52	20	48	16	44	12	40	5 8	36	6 4	32	7 0	28	56	24	52	20
29	58	27	56	25	54	23	52	21	50	19	48	17	46	15	44	8 13	42	9 11	40
30	1 0	30	2 0	30	3 0	30	4 0	30	5 0	30	6 0	30	7 0	30	8 0	30	9 0	30	10 0
31	2	33	4	35	6	37	8	39	10	41	12	43	14	45	16	47	18	49	20
32	4	36	8	40	12	44	16	48	20	52	24	56	28	8 0	32	9 4	36	10 8	40
33	6	39	12	45	18	51	24	57	30	6 3	36	7 9	42	15	48	21	54	27	11 0
34	8	42	16	50	24	58	32	5 6	40	14	48	22	56	30	9 4	38	10 12	46	20
35	10	45	20	55	30	4 5	40	15	50	25	7 0	35	8 10	45	20	55	30	11 5	40
36	12	48	24	3 0	36	12	48	24	6 0	36	12	48	24	9 0	36	10 12	48	24	12 0
37	14	51	28	5	42	19	56	33	10	47	24	8 1	38	15	52	29	11 6	43	20
38	16	54	32	10	48	26	5 4	42	20	58	36	14	52	30	10 8	46	24	12 2	40
39	18	57	36	15	54	33	12	51	30	7 9	48	27	9 6	45	24	11 3	42	21	13 0
40	20	2 0	40	20	4 0	40	20	6 0	40	20	8 0	40	20	10 0	40	20	12 0	40	20
41	22	3	44	25	6	47	28	9	50	31	12	53	34	15	56	37	18	59	40
42	24	6	48	30	12	54	36	18	7 0	42	24	9 6	48	30	11 12	54	36	13 18	14 0
43	26	9	52	35	18	5 1	44	27	10	53	36	19	10 2	45	28	12 11	54	37	20
44	28	12	56	40	24	8	52	36	20	8 4	48	32	16	11 0	44	28	13 12	56	40
45	30	15	3 0	45	30	15	6 0	45	30	15	9 0	45	30	15	12 0	45	30	14 15	15 0
46	32	18	4	50	36	22	8	54	40	26	12	58	44	30	16	13 2	48	34	20
47	34	21	8	55	42	29	16	7 3	50	37	24	10 11	58	45	32	19	14 6	53	40
48	36	24	12	4 0	48	36	24	12	8 0	48	36	24	11 12	12 0	48	36	24	15 12	16 0
49	38	27	16	5	54	43	32	21	10	59	48	37	26	15	13 4	53	42	31	20
50	40	30	20	10	5 0	50	40	30	20	9 10	10 0	50	40	30	20	14 10	15 0	50	40
51	42	33	24	15	6	57	48	39	30	21	12	11 3	54	45	36	27	18	16 9	17 0
52	44	36	28	20	12	6 4	56	48	40	32	24	16	12 8	13 0	52	44	36	28	20
53	46	39	32	25	18	11	7 4	57	50	43	36	29	22	15	14 8	15 1	54	47	40
54	48	42	36	30	24	18	12	8 6	9 0	54	48	42	36	30	24	18	16 12	17 6	18 0
55	50	45	40	35	30	25	20	15	10	10 5	11 0	55	50	45	40	35	30	25	20
56	52	48	44	40	36	32	28	24	20	16	12	12 8	13 4	14 0	56	52	48	44	40
57	54	51	48	45	42	39	36	33	30	27	24	21	18	15	15 12	16 9	17 6	18 3	19 0
58	56	54	52	50	48	46	44	42	40	38	36	34	32	30	28	26	24	22	20
59	58	57	56	55	54	53	52	51	50	49	48	47	46	45	44	43	42	41	40
60	2 0	3 0	4 0	5 0	6 0	7 0	8 0	9 0	10 0	11 0	12 0	13 0	14 0	15 0	16 0	17 0	18 0	19 0	20 0

Table *na*,

ou

PRODUITS DE LA MARCHE DIURNE DU CHRONOMÈTRE PAR LE NOMBRE DES JOURS ENTIERS QUI S'Y SONT ÉCOUL

Jours	21'	22'	23'	24'	25'	26'	27'	28'	29'	30'	0'1	0'2	0'3	0'4	0'5	0'6	0'7	0'8
	m. s.	m. s.	m. s.	m. s.	m. s.	m. s.	m. s.	m. s.	m. s.	m. s.	s. d.	s. d.	s. d.	s. d.	s. d.	s. d.	s. d.	s. d.
1	0 21	0 22	0 23	0 24	0 25	0 26	0 27	0 28	0 29	0 30	0.1	0.2	0.3	0.4	0.5	0.6	0.7	0.8
2	42	44	46	48	50	52	54	56	58	1 0	0.2	0.4	0.6	.8	1.0	1.2	1.4	1.6
3	1 3	1 6	1 9	1 12	1 15	1 18	1 21	1 24	1 27	30	0.3	0.6	0.9	1.2	.5	1.8	2.1	2.4
4	24	28	32	36	40	44	48	52	56	2 0	0.4	0.8	1.2	.6	2.0	2.4	2.8	3.2
5	45	50	55	2 0	2 5	2 10	2 15	2 20	2 25	30	0.5	1.0	1.5	2.0	.5	3.0	3.5	4.0
6	2 6	2 12	2 18	24	30	36	42	48	54	3 0	0.6	1.2	1.8	2.4	3.0	3.6	4.2	4.8
7	27	34	41	48	55	3 2	3 9	3 16	3 23	30	0.7	1.4	2.1	.8	.5	4.2	4.9	5.6
8	48	56	3 4	3 12	3 20	28	36	44	52	4 0	0.8	1.6	2.4	3.2	4.0	4.8	5.6	6.4
9	3 9	3 18	27	36	45	54	4 3	4 12	4 21	30	0.9	1.8	2.7	.6	.5	5.4	6.3	7.2
10	30	40	50	4 0	4 10	4 20	30	40	50	5 0	1.0	2.0	3.0	4.0	5.0	6.0	7.0	8.0
11	51	4 2	4 13	24	35	46	57	5 8	5 19	30	1.1	2.2	3.3	4.4	.5	6.6	7.7	8.8
12	4 12	24	36	48	5 0	5 12	5 24	36	48	6 0	1.2	2.4	3.6	.8	6.0	7.2	8.4	9.6
13	33	46	59	5 12	25	38	51	6 4	6 17	30	1.3	2.6	3.9	5.2	.5	7.8	9.1	10.4
14	54	5 8	5 22	36	50	6 4	6 18	32	46	7 0	1.4	2.8	4.2	.6	7.0	8.4	9.8	11.2
15	5 15	30	45	6 0	6 15	30	45	7 0	7 15	30	1.5	3.0	4.5	6.0	.5	9.0	10.5	12.0
16	36	52	6 8	24	40	56	7 12	28	44	8 0	1.6	3.2	4.8	6.4	8.0	9.6	11.2	12.8
17	57	6 14	31	48	7 5	7 22	39	56	8 13	30	1.7	3.4	5.1	.8	.5	10.2	11.9	13.6
18	6 18	36	54	7 12	30	48	8 6	8 24	42	9 0	1.8	3.6	5.4	7.2	9.0	10.8	12.6	14.4
19	39	58	7 17	36	55	8 14	33	52	9 11	30	1.9	3.8	5.7	.6	.5	11.4	13.3	15.2
20	7 0	7 20	40	8 0	8 20	40	9 0	9 20	40	10 0	2.0	4.0	6.0	8.0	10.0	12.0	14.0	16.0
21	21	42	8 3	24	45	9 6	27	48	10 9	30	2.1	4.2	6.3	8.4	.5	12.6	14.7	16.8
22	42	8 4	26	48	9 10	32	54	10 16	38	11 0	2.2	4.4	6.6	.8	11.0	13.2	15.4	17.6
23	8 3	26	49	9 12	35	58	10 21	44	11 7	30	2.3	4.6	6.9	9.2	.5	13.8	16.1	18.4
24	24	48	9 12	36	10 0	10 24	48	11 12	36	12 0	2.4	4.8	7.2	.6	12.0	14.4	16.8	19.2
25	45	9 10	35	10 0	25	50	11 15	40	12 5	30	2.5	5.0	7.5	10.0	.5	15.0	17.5	20.0
26	9 6	32	58	24	50	11 16	42	12 8	34	13 0	2.6	5.2	7.8	10.4	13.0	15.6	18.2	20.8
27	27	54	10 21	48	11 15	42	12 9	36	13 3	30	2.7	5.4	8.1	.8	.5	16.2	18.9	21.6
28	48	10 16	44	11 12	40	12 8	36	13 4	32	14 0	2.8	5.6	8.4	11.2	14.0	16.8	19.6	22.4
29	10 9	38	11 7	36	12 5	34	13 3	32	14 1	30	2.9	5.8	8.7	.6	.5	17.4	20.3	23.2
30	30	11 0	30	12 0	30	13 0	30	14 0	30	15 0	3.0	6.0	9.0	12.0	15.0	18.0	21.0	24.0
31	51	22	53	24	55	26	57	28	59	30	3.1	6.2	9.3	12.4	.5	18.6	21.7	24.8
32	11 12	44	12 16	48	13 20	52	14 24	56	15 28	16 0	3.2	6.4	9.6	.8	16.0	19.2	22.4	25.6
33	33	12 6	39	13 12	45	14 18	51	15 24	57	30	3.3	6.6	9.9	13.2	.5	19.8	23.1	26.4
34	54	28	13 2	36	14 10	44	15 18	52	16 26	17 0	3.4	6.8	10.2	.6	17.0	20.4	23.8	27.2
35	12 15	50	25	14 0	35	15 10	45	16 20	55	30	3.5	7.0	10.5	14.0	.5	21.0	24.5	28.0
36	36	13 12	48	24	15 0	36	16 12	48	17 24	18 0	3.6	7.2	10.8	14.4	18.0	21.6	25.2	28.8
37	57	34	14 11	48	25	16 2	39	17 16	53	30	3.7	7.4	11.1	.8	.5	22.2	25.9	29.6
38	13 18	56	34	15 12	50	28	17 6	44	18 22	19 0	3.8	7.6	11.4	15.2	19.0	22.8	26.6	30.4
39	39	14 18	57	36	16 15	54	33	18 12	51	30	3.9	7.8	11.7	.6	.5	23.4	27.3	31.2
40	14 0	40	15 20	16 0	40	17 20	18 0	40	19 20	20 0	4.0	8.0	12.0	16.0	20.0	24.0	28.0	32.0
41	21	15 2	43	24	17 5	46	27	19 8	49	30	4.1	8.2	12.3	16.4	.5	24.6	28.7	32.8
42	42	24	16 6	48	30	18 12	54	36	20 18	21 0	4.2	8.4	12.6	.8	21.0	25.2	29.4	33.6
43	15 3	46	29	17 12	55	38	19 21	20 4	47	30	4.3	8.6	12.9	17.2	.5	25.8	30.1	34.4
44	24	16 8	52	36	18 20	19 4	48	32	21 16	22 0	4.4	8.8	13.2	.6	22.0	26.4	30.8	35.2
45	45	30	17 15	18 0	45	30	20 15	21 0	45	30	4.5	9.0	13.5	18.0	.5	27.0	31.5	36.0
46	16 6	52	38	24	19 10	56	42	28	22 14	23 0	4.6	9.2	13.8	18.4	23.0	27.6	32.2	36.8
47	27	17 14	18 1	48	35	20 22	21 9	56	43	30	4.7	9.4	14.1	.8	.5	28.2	32.9	37.6
48	48	36	24	19 12	20 0	48	36	22 24	23 12	24 0	4.8	9.6	14.4	19.2	24.0	28.8	33.6	38.4
49	17 9	58	47	36	25	21 14	22 3	52	41	30	4.9	9.8	14.7	.6	.5	29.4	34.3	39.2
50	30	18 20	19 10	20 0	50	40	30	23 20	24 10	25 0	5.0	10.0	15.0	20.0	25.0	30.0	35.0	40.0
51	51	42	33	24	21 15	22 6	57	48	39	30	5.1	10.2	15.3	20.4	.5	30.6	35.7	40.8
52	18 12	19 4	56	48	40	32	23 24	24 16	25 8	26 0	5.2	10.4	15.6	.8	26.0	31.2	36.4	41.6
53	33	26	20 19	21 12	22 5	58	51	44	37	30	5.3	10.6	15.9	21.2	.5	31.8	37.1	42.4
54	54	48	42	36	30	23 24	24 18	25 12	26 6	27 0	5.4	10.8	16.2	.6	27.0	32.4	37.8	43.2
55	19 15	20 10	21 5	22 0	55	50	45	40	35	30	5.5	11.0	16.5	22.0	.5	33.0	38.5	44.0
56	36	32	28	24	23 20	24 16	25 12	26 8	27 4	28 0	5.6	11.2	16.8	22.4	28.0	33.6	39.2	44.8
57	57	54	51	48	45	42	39	36	33	30	5.7	11.4	17.1	.8	.5	34.2	39.9	45.6
58	20 18	21 16	22 14	23 12	24 10	25 8	26 6	27 4	28 2	29 0	5.8	11.6	17.4	23.2	29.0	34.8	40.6	46.4
59	39	38	37	36	35	34	33	32	31	30	5.9	11.8	17.7	.6	.5	35.4	41.3	47.2
60	21 0	22 0	23 0	24 0	25 0	26 0	27 0	28 0	29 0	30 0	6.0	12.0	18.0	24.0	30.0	36.0	42.0	48.0

DÉPRESSION MOYENNE APPARENTE.

Elévat. de l'œil en mètre.	Dépression.	Elévat. de l'œil en mètre.	Dépression.
0m0	0' 0"	6m0	4' 21"
.1	17	.1	23
.2	47	.2	25
.3	57	.3	27
.4	1' 7	.4	29
0.5	14	6.5	4' 31
.6	22	.6	33
.7	28	.7	35
.8	35	.8	37
.9	40	.9	39
1.0	1' 46	7.0	4' 41
.1	52	.1	43
.2	57	.2	45
.3	2' 1	.3	47
.4	6	.4	49
1.5	2' 10	7.5	4' 51
.6	15	.6	53
.7	19	.7	55
.8	23	.8	57
.9	27	.9	59
2.0	2' 30	8.0	5' 1
.1	34	.1	3
.2	38	.2	5
.3	42	.3	7
.4	45	.4	8
2.5	2' 48	8.5	5' 10
.6	51	.6	12
.7	55	.7	14
.8	58	.8	16
.9	3' 1	.9	18
3.0	4	9.0	5' 19
.1	7	.1	21
.2	10	.2	23
.3	13	.3	25
.4	16	.4	26
3.5	3' 19	9.5	5' 28
.6	22	.6	30
.7	25	.7	32
.8	27	.8	33
.9	30	.9	35
4.0	3' 33	10	5' 36
.1	36	11	53
.2	38	12	6' 9
.3	41	13	24
.4	43	14	38
4.5	3' 46	15	52
.6	48	16	7' 6
.7	51	17	19
.8	53	18	31
.9	56	19	44
5.0	58	20	7' 56
.1	4' 1	30	9' 43
.2	3	40	11' 13
.3	5	50	12' 32
.4	7	60	13' 44
5.5	4' 10	70	14' 50
.6	12	80	15' 51
.7	14	90	16' 49
.8	16	100	17' 44
.9	19	110	18' 35

Ces six colonnes appartiennent à la page 11, mettez-les sur les min. de la marche diurne qui s'y trouve.

24'	25'	26'	27'	28'	29'
0' 0"	0' 0"	0' 0"	0' 0"	0' 0"	0' 0"
1	1	1	1	1	1
2	2	2	2	2	2
3	3	3	3	3:	4
4	4	4	4:	5	5
0' 5	0' 5	0' 5	0' 6	0' 6	0' 6
6	6	6:	7	7	7
7	7	8	8	8	8
8	8	9	9	9	10
9	9	10	10	10:	11
0' 10	0' 10	0' 11	0' 11	0' 12	0' 12
11	11	12	12	13	13
12	12:	13	13:	14	14:
13	14	14	15	15	16
14	15	15	16	16	17
0' 15	0' 16	0' 16	0' 17	0' 17:	0' 18
16	17	17	18	19	19
17	18	18	19	20	21
18	19	19:	20	21	22
19	20	21	21	22	23
0' 20	0' 21	0' 22	0' 22:	0' 23	0' 24
21	22	23	24	24:	25
22	23	24	25	26	27
23	24	25	26	27	28
24	25	26	27	28	29
0' 25	0' 26	0' 27	0' 28	0' 29	0' 30
26	27	28	29	30	31
27	28	29	30	31:	33
28	29	30	31:	33	34
29	30	31	33	34	35
0' 30	0' 31	0' 32:	0' 34	0' 35	0' 36
31	32	34	35	36	37
32	33	35	36	37	39
33	34	36	37	38:	40
34	35	37	38	40	41
0' 35	0' 36	0' 38	0' 39	0' 41	0' 42
36	37:	39	40:	42	43:
37	39	40	42	43	45
38	40	41	43	44	46
39	41	42	44	45:	47
0' 40	0' 42	0' 43	0' 45	0' 47	0' 48
41	43	44	46	48	50
42	44	45:	47	49	51
43	45	47	48	50	52
44	46	48	49:	51	53
0' 45	0' 47	0' 49	0' 51	0' 52:	0' 54
46	48	50	52	54	56
47	49	51	53	55	57
48	50	52	54	56	58
49	51	53	55	57	59
0' 50	0' 52	0' 54	0' 56	0' 58	1' 0
51	53	55	57	59:	2
52	54	56	58:	1' 1	3
53	55	57	1' 0	2	4
54	56	58:	1	3	5
0' 55	0' 57	1' 0	1' 2	1' 4	1' 6
56	58	1	3	5	8
57	59	2	4	6:	9
58	1' 0	3	5	8	10
59	1	4	6	9	11
48m	50m	52m	54m	56m	58m

N. B. Si les secondes du changement donné en 24h, en 12h ou en 3h, surpassent 30, prenez-les dans la page où vous avez pris pour les minutes.

Exemple. — L'heure t. m. de Paris est de 15h 35m, et le changement en déclinaison de 18' 44". Pour 18' en face de 15h 35m, la table donne 11' 41"; pour 44" prises dans la colonne 22' par en haut ou 44m par en bas, la table donne 29" en doublant à vue le résultat. Ce qui fait 12' 10" de partie proportionnelle calculée.

Si l'on avait à prendre pour un nombre impair tel que 45", par exemple, on voit qu'il faudrait ajouter 14" 17 à 14" 56, ce qui donne encore 29", opération qui se fait aussi à vue.

A chaque fois qu'il se présentera un nombre de tierces compris entre 0 et 45, ajoutez 1" de plus au double du nombre de secondes de la table, et si ce nombre est compris entre 45 et 60, ajoutez-en 2.

CONVERSION DES HEURES ET MINUTES

en fraction décimale du jour.

0h	0m	0j. 00	12h	0m	0j. 50
	15	01		15	51
	30	02		30	52
	45	03		45	53
1	0	0. 04	13	0	0. 54
	15	05		15	55
	30	06		30	56
	45	07		45	57
2	0	0. 08	14	0	0. 58
	15	09		15	59
	30	10		30	60
	45	11		45	61
3	0	0. 125	15	0	0. 625
	15	14		15	64
	30	15		30	65
	45	16		45	66
4	0	0. 17	16	0	0. 67
	15	18		15	68
	30	19		30	69
	45	20		45	70
5	1	0. 21	17	0	0. 71
	15	22		15	72
	30	23		30	73
	45	24		45	74
6	0	0. 25	18	0	0 75
	15	26		15	76
	30	27		30	77
	45	28		45	78
7	0	0. 29	19	0	0. 79
	15	30		15	80
	30	31		30	81
	45	32		45	82
8	0	0. 33	20	0	0. 83
	15	34		15	84
	40	35		30	85
	45	36		45	86
9	0	0. 375	21	0	0. 875
	15	39		15	89
	30	40		30	90
	45	41		45	91
10	0	0 42	22	0	0. 92
	15	43		15	93
	30	44		30	94
	45	45		45	95
11	0	0. 46	23	0	0. 96
	15	47		15	97
	30	48		30	98
	45	49		45	99

TEMPS SIDÉRAL. = TEMPS MOYEN.

1js =	1jm —		3m	55s	91
2 =	2 —		7m	51	82
3 =	3 —		11	47	73
4 =	4 —		15	43	64
5 =	5 —		19	39	54
6 =	6 —		23	35	45
7 =	7 —		27	31	36
8 =	8 —		31	27	27
9 =	9 —		35	23	18
10 =	10 —		39	19	09
11 =	11 —		43	15	00
12 =	12 —		47	10	91
13 =	13 —		51	06	82
14 =	14 —		55	02	73
15 =	15 —		58	08	63
16 =	16 —	1h	2m	54	54
17 =	17 —	1	6m	50	45
18 =	18 —	1	10	46	36
19 =	19 —	1	14	42	27
20 =	20 —	1	18	38	18
21 =	21 —	1	22	34	09
22 =	22 —	1	26	30	00
23 =	23 —	1	30	25	91

TABLE POUR FAIRE LE POINT.

Cette Table est calculée de 30 en 30', afin d'éviter les parties proportionnelles. De plus, elle est d'une simplicité remarquable et donne une exactitude bien au-dessus du quartier de réduction.

Le chemin Nord ou Sud, Est ou Ouest, est donné aux centièmes pour les dix premiers milles de chaque rhumb de vent, ce qui permet d'avoir aux dixièmes ; et, par le simple déplacement de la virgule, celui de toutes les dizaines de milles ; et comme on a celui de toutes les unités, on aura donc celui de tous les milles, depuis 1 jusqu'à 200 et au-delà.

Si l'on considère les neuf premiers milles comme exprimant des dixièmes, les premiers chiffres des colonnes Nord ou Sud, Est ou Ouest seront alors des dixièmes de minutes. On voit donc que l'on a, sous le doigt, tout ce que l'on a besoin, en multipliant ou en divisant par 10, opération qui s'effectue par la pensée. On entre dans la table avec l'angle de route corrigé et les milles, en face desquels correspond le chemin Nord ou Sud, Est ou Ouest. Ayant trouvé la latitude moyenne, on la prend comme angle de route, et l'on cherche dans la colonne Nord ou Sud le nombre qui approche le plus du chemin Est ou Ouest ; en face de ce nombre, on a les unités ou les dizaines de milles ou de minutes du changement en longitude. Le plus souvent, on n'obtient que les dizaines ; alors il faut faire la différence des deux nombres considérés, et prendre les unités de minutes qui approchent le plus de cette différence.

Exemple :

Etant parti d'une latitude de 30° 45' 20" Nord et d'une longitude de 32° 28' 30" Ouest, on a fait 65 milles au N 42° 30' Est du monde.

On demande le point d'arrivée.

Lat. de départ.	30° 45' 20" N.	Long. de départ.	32° 28' 30" O.
Chang. en lat.	+ 47' 54 N.	Chang. en long.	— 51 00 E.
Latit. d'arrivée.	31° 33' 14" N.	Longit. d'arrivée.	31° 37' 30" O.
Latit. moyenne.	31° 09'		
Chemin Est. . =	43, 9.		

Le nombre qui approche le plus de 43,9 est 42,9, qui donne 50' ; pour 1 mille de différence, le nombre 0,86, qui en approche le plus, donne 1', ce qui fait 51' de changement en longitude.

N. B. — Cette table est substituée à la place de celle dont il y a un exemple de donné au commencement du livre.

TABLE POUR FAIRE LE POINT.

Angle de route	milles	N. S.	E. O.	Angle de route
0° 30'	1	1.00	0.01	
	2	2.00	0.02	
	3	3.00	0.03	
	4	4.00	0.03	
	5	5.00	0.04	89° 30'
	6	6.00	0.05	
	7	7.00	0.06	
	8	8.00	0.07	
	9	9.00	0.08	
	10	10.00	0.09	
1°	1	1.00	0.02	
	2	2.00	0.04	
	3	3.00	0.05	
	4	4.00	0.07	
	5	5.00	0.09	89°
	6	6.00	0.10	
	7	7.00	0.12	
	8	8.00	0.14	
	9	9.00	0.16	
	10	10.00	0.17	
1° 30'	1	1.00	0.03	
	2	2.00	0.05	
	3	3.00	0.08	
	4	4.00	0.10	88° 30'
	5	5.00	0.13	
	6	6.00	0.16	
	7	7.00	0.18	
	8	8.00	0.21	
	9	9.00	0.23	
	10	10.00	0.26	
2°	1	1.00	0.03	
	2	2.00	0.07	
	3	3.00	0.11	
	4	4.00	0.14	88°
	5	5.00	0.17	
	6	6.00	0.21	
	7	7.00	0.24	
	8	8.00	0.28	
	9	8.99	0.31	
	10	9.99	0.35	
2° 30'	1	1.00	0.04	
	2	2.00	0.09	
	3	3.00	0.13	
	4	4.00	0.17	
	5	4.99	0.22	87° 30'
	6	5.99	0.26	
	7	6.99	0.30	
	8	7.99	0.35	
	9	8.99	0.39	
	10	9.99	0.44	
3°	1	1.00	0.05	
	2	2.00	0.10	
	3	3.00	0.16	
	4	3.99	0.21	
	5	4.99	0.26	87°
	6	5.99	0.31	
	7	6.99	0.37	
	8	7.99	0.42	
	9	8.99	0.47	
	10	9.99	0.52	
Angle de route	milles	E. O.	N. S.	Angle de route

Angle de route	milles	N. S.	E. O.	Angle de route
3° 30'	1	1.00	0.06	
	2	2.00	0.12	
	3	2.99	0.18	
	4	3.99	0.24	
	5	4.99	0.30	86° 30'
	6	5.99	0.37	
	7	6.99	0.43	
	8	7.98	0.49	
	9	8.98	0.55	
	10	9.98	0.61	
4°	1	1.00	0.07	
	2	2.00	0.14	
	3	2.99	0.21	
	4	3.99	0.28	
	5	4.99	0.35	86°
	6	5.99	0.42	
	7	6.98	0.49	
	8	7.98	0.56	
	9	8.98	0.63	
	10	9.98	0.70	
4° 30'	1	1.00	0.08	
	2	1.99	0.16	
	3	2.99	0.23	
	4	3.99	0.31	
	5	4.98	0.39	85° 30'
	6	5.98	0.47	
	7	6.98	0.55	
	8	7.98	0.63	
	9	8.97	0.71	
	10	9.97	0.78	
5°	1	1.00	0.09	
	2	1.99	0.17	
	3	2.99	0.26	
	4	3.98	0.35	
	5	4.98	0.44	85°
	6	5.98	0.52	
	7	6.97	0.61	
	8	7.97	0.70	
	9	8.97	0.78	
	10	9.96	0.87	
5° 30'	1	1.00	0.10	
	2	1.99	0.19	
	3	2.99	0.29	
	4	3.98	0.38	
	5	4.98	0.48	84° 30'
	6	5.97	0.58	
	7	6.97	0.67	
	8	7.96	0.77	
	9	8.96	0.86	
	10	9.95	0.96	
6°	1	0.99	0.10	
	2	1.99	0.21	
	3	2.98	0.31	
	4	3.98	0.42	84°
	5	4.97	0.52	
	6	5.97	0.63	
	7	6.96	0.73	
	8	7.96	0.84	
	9	8.95	0.94	
	10	9.95	1.05	
Angle de route	milles	E. O.	N. S.	Angle de route

Angle de route	milles	N. S.	E. O.	Angle de route
6° 30'	1	0.99	0.11	
	2	1.99	0.23	
	3	2.98	0.34	
	4	3.97	0.45	83° 30'
	5	4.97	0.57	
	6	5.96	0.68	
	7	6.95	0.79	
	8	7.95	0.91	
	9	8.94	1.02	
	10	9.93	1.13	
7°	1	0.99	0.12	
	2	1.99	0.24	
	3	2.98	0.37	
	4	3.97	0.49	83°
	5	4.96	0.61	
	6	5.96	0.73	
	7	6.95	0.85	
	8	7.94	0.97	
	9	8.93	1.10	
	10	9.93	1.22	
7° 30'	1	0.99	0.13	
	2	1.98	0.26	
	3	2.97	0.39	
	4	3.97	0.52	
	5	4.96	0.65	82° 30'
	6	5.95	0.78	
	7	6.94	0.91	
	8	7.93	1.04	
	9	8.92	1.17	
	10	9.91	1.30	
8°	1	0.99	0.14	
	2	1.98	0.28	
	3	2.97	0.42	
	4	3.96	0.56	82°
	5	4.95	0.70	
	6	5.94	0.84	
	7	6.93	0.97	
	8	7.92	1.11	
	9	8.91	1.25	
	10	9.90	1.39	
8° 30'	1	0.99	0.15	
	2	1.98	0.30	
	3	2.97	0.44	
	4	3.96	0.59	81° 30'
	5	4.94	0.74	
	6	5.93	0.89	
	7	6.92	1.03	
	8	7.91	1.18	
	9	8.90	1.33	
	10	9.89	1.48	
9°	1	0.99	0.16	
	2	1.98	0.31	
	3	2.96	0.47	
	4	3.95	0.63	81°
	5	4.94	0.78	
	6	5.93	0.94	
	7	6.91	1.09	
	8	7.90	1.25	
	9	8.89	1.41	
	10	9.88	1.56	
Angle de route	milles	E. O.	N. S.	Angle de route

Angle de route	milles	N. S.	E. O.	Angle de route
9° 30'	1	0.99	0.16	
	2	1.97	0.33	
	3	2.96	0.49	
	4	3.94	0.66	
	5	4.93	0.82	80° 30'
	6	5.92	0.99	
	7	6.90	1.15	
	8	7.89	1.32	
	9	8.88	1.48	
	10	9.86	1.65	
10°	1	0.98	0.17	
	2	1.97	0.35	
	3	2.95	0.52	
	4	3.94	0.69	
	5	4.92	0.87	80°
	6	5.91	1.04	
	7	6.89	1.21	
	8	7.88	1.39	
	9	8.86	1.56	
	10	9.85	1.73	
10° 30'	1	0.98	0.18	
	2	1.97	0.36	
	3	2.95	0.55	
	4	3.93	0.73	
	5	4.92	0.91	79° 30'
	6	5.90	1.09	
	7	6.88	1.27	
	8	7.86	1.46	
	9	8.85	1.64	
	10	9.83	1.82	
11°	1	0.98	0.19	
	2	1.96	0.38	
	3	2.94	0.57	
	4	3.93	0.76	
	5	4.91	0.95	79°
	6	5.89	1.14	
	7	6.87	1.34	
	8	7.85	1.53	
	9	8.83	1.72	
	10	9.82	1.91	
11° 30'	1	0.98	0.20	
	2	1.96	0.40	
	3	2.94	0.60	
	4	3.92	0.80	
	5	4.90	1.00	78° 30'
	6	5.88	1.20	
	7	6.86	1.40	
	8	7.84	1.59	
	9	8.82	1.79	
	10	9.80	1.99	
12°	1	0.98	0.21	
	2	1.96	0.42	
	3	2.93	0.62	
	4	3.91	0.83	
	5	4.89	1.04	78°
	6	5.87	1.25	
	7	6.85	1.46	
	8	7.82	1.66	
	9	8.80	1.87	
	10	9.78	2.08	
Angle de route	milles	E. O.	N. S.	Angle de route

Angle de route	milles	N. S.	E. O.	Angle de route
12° 30'	1	0.98	0.22	
	2	1.95	0.43	
	3	2.93	0.65	
	4	3.90	0.87	
	5	4.88	1.08	
	6	5.86	1.30	
	7	6.83	1.51	77° 30'
	8	7.81	1.73	
	9	8.79	1.95	
	10	9.76	2.16	
13°	1	0.97	0.22	
	2	1.95	0.45	
	3	2.92	0.67	
	4	3.90	0.90	
	5	4.87	1.12	77°
	6	5.85	1.35	
	7	6.82	1.57	
	8	7.80	1.80	
	9	8.77	2.02	
	10	9.74	2.25	
13° 30'	1	0.97	0.23	
	2	1.94	0.47	
	3	2.92	0.70	
	4	3.89	0.93	
	5	4.86	1.17	76° 30'
	6	5.83	1.40	
	7	6.81	1.63	
	8	7.78	1.87	
	9	8.75	2.10	
	10	9.72	2.33	
14°	1	0.97	0.24	
	2	1.94	0.48	
	3	2.91	0.73	
	4	3.88	0.97	
	5	4.85	1.21	76°
	6	5.82	1.45	
	7	6.79	1.69	
	8	7.76	1.94	
	9	8.73	2.18	
	10	9.70	2.42	
14° 30'	1	0.97	0.25	
	2	1.94	0.50	
	3	2.90	0.75	
	4	3.87	1.00	
	5	4.84	1.25	75° 30'
	6	5.81	1.50	
	7	6.78	1.75	
	8	7.75	2.00	
	9	8.71	2.25	
	10	9.68	2.50	
15°	1	0.97	0.26	
	2	1.93	0.52	
	3	2.90	0.78	
	4	3.86	1.04	75°
	5	4.83	1.29	
	6	5.80	1.55	
	7	6.76	1.81	
	8	7.73	2.07	
	9	8.69	2.33	
	10	9.66	2.59	
Angle de route	milles	E. O.	N. S.	Angle de route

TABLE POUR FAIRE LE POINT.

Angle de route	milles	N. S.	E. O.	Angle de route
15° 30'	1	0.96	0.27	
	2	1.93	0.53	
	3	2.89	0.80	
	4	3.85	1.07	
	5	4.82	1.34	74° 30'
	6	5.78	1.60	
	7	6.74	1.87	
	8	7.71	2.14	
	9	8.67	2.40	
	10	9.64	2.67	
16°	1	0.96	0.28	
	2	1.92	0.55	
	3	2.88	0.83	
	4	3.84	1.10	
	5	4.81	1.38	74°
	6	5.77	1.65	
	7	6.73	1.93	
	8	7.69	2.20	
	9	8.65	2.48	
	10	9.61	2.76	
16° 30'	1	0.96	0.28	
	2	1.92	0.57	
	3	2.88	0.85	
	4	3.83	1.14	
	5	4.79	1.42	73° 30'
	6	5.75	1.70	
	7	6.71	1.99	
	8	7.67	2.27	
	9	8.63	2.56	
	10	9.59	2.84	
17°	1	0.96	0.29	
	2	1.91	0.58	
	3	2.87	0.88	
	4	3.82	1.17	
	5	4.78	1.46	73°
	6	5.74	1.75	
	7	6.69	2.05	
	8	7.65	2.34	
	9	8.61	2.63	
	10	9.56	2.92	
17° 30'	1	0.95	0.30	
	2	1.91	0.60	
	3	2.86	0.90	
	4	3.81	1.20	
	5	4.77	1.50	72° 30'
	6	5.72	1.80	
	7	6.67	2.10	
	8	7.63	2.40	
	9	8.58	2.71	
	10	9.54	3.01	
18°	1	0.95	0.31	
	2	1.90	0.62	
	3	2.85	0.93	
	4	3.80	1.24	
	5	4.76	1.55	72°
	6	5.71	1.85	
	7	6.66	2.16	
	8	7.61	2.47	
	9	8.56	2.78	
	10	9.51	3.09	
Angle de route	milles	E. O.	N. S.	Angle de route

Angle de route	milles	N. S.	E. O.	Angle de route
18° 30'	1	0.95	0.32	
	2	1.90	0.63	
	3	2.84	0.95	
	4	3.79	1.27	
	5	4.74	1.59	71° 30'
	6	5.69	1.90	
	7	6.64	2.22	
	8	7.59	2.54	
	9	8.53	2.85	
	10	9.48	3.17	
19°	1	0.95	0.33	
	2	1.89	0.65	
	3	2.84	0.98	
	4	3.78	1.30	
	5	4.73	1.63	71°
	6	5.67	1.95	
	7	6.62	2.28	
	8	7.56	2.60	
	9	8.51	2.93	
	10	9.45	3.26	
19° 30'	1	0.94	0.33	
	2	1.88	0.67	
	3	2.83	1.00	
	4	3.77	1.33	
	5	4.71	1.67	70° 30'
	6	5.65	2.00	
	7	6.60	2.34	
	8	7.54	2.67	
	9	8.48	3.00	
	10	9.43	3.34	
20°	1	0.94	0.34	
	2	1.88	0.68	
	3	2.82	1.03	
	4	3.76	1.37	
	5	4.70	1.71	70°
	6	5.64	2.05	
	7	6.58	2.39	
	8	7.52	2.74	
	9	8.46	3.08	
	10	9.40	3.42	
20° 30'	1	0.94	0.35	
	2	1.87	0.70	
	3	2.81	1.05	
	4	3.75	1.40	
	5	4.68	1.75	69° 30'
	6	5.62	2.10	
	7	6.56	2.45	
	8	7.49	2.80	
	9	8.43	3.15	
	10	9.37	3.50	
21°	1	0.93	0.36	
	2	1.87	0.72	
	3	2.80	1.08	
	4	3.73	1.43	
	5	4.67	1.79	69°
	6	5.60	2.15	
	7	6.54	2.51	
	8	7.47	2.87	
	9	8.40	3.23	
	10	9.34	3.58	
Angle de route	milles	E. O.	N. S.	Angle de route

Angle de route	milles	N. S.	E. O.	Angle de route
21° 30'	1	0.93	0.37	
	2	1.86	0.73	
	3	2.79	1.10	
	4	3.72	1.47	
	5	4.65	1.83	68° 30'
	6	5.58	2.20	
	7	6.51	2.56	
	8	7.44	2.93	
	9	8.37	3.30	
	10	9.30	3.66	
22°	1	0.93	0.37	
	2	1.85	0.75	
	3	2.78	1.12	
	4	3.71	1.50	
	5	4.64	1.87	68°
	6	5.56	2.25	
	7	6.49	2.62	
	8	7.42	3.00	
	9	8.34	3.37	
	10	9.27	3.75	
22° 30'	1	0.92	0.38	
	2	1.85	0.76	
	3	2.77	1.15	
	4	3.69	1.53	
	5	4.62	1.91	67° 30'
	6	5.54	2.30	
	7	6.47	2.68	
	8	7.39	3.06	
	9	8.31	3.44	
	10	9.24	3.83	
23°	1	0.92	0.39	
	2	1.84	0.78	
	3	2.76	1.17	
	4	3.68	1.56	
	5	4.60	1.95	67°
	6	5.52	2.34	
	7	6.44	2.74	
	8	7.36	3.13	
	9	8.28	3.52	
	10	9.20	3.91	
23° 30'	1	0.92	0.40	
	2	1.83	0.80	
	3	2.75	1.20	
	4	3.67	1.59	
	5	4.58	1.99	66° 30'
	6	5.50	2.39	
	7	6.42	2.79	
	8	7.34	3.19	
	9	8.25	3.59	
	10	9.17	3.99	
24°	1	0.91	0.41	
	2	1.83	0.81	
	3	2.74	1.22	
	4	3.65	1.63	
	5	4.57	2.03	66°
	6	5.48	2.44	
	7	6.39	2.85	
	8	7.31	3.25	
	9	8.22	3.66	
	10	9.14	4.07	
Angle de route	milles	E. O.	N. S.	Angle de route

Angle de route	milles	N. S.	O. S.	Angle de route
24° 30'	1	0.91	0.41	
	2	1.82	0.83	
	3	2.73	1.24	
	4	3.64	1.66	
	5	4.55	2.07	65° 30'
	6	5.46	2.49	
	7	6.37	2.90	
	8	7.28	3.32	
	9	8.19	3.73	
	10	9.10	4.15	
25°	1	0.91	0.42	
	2	1.81	0.85	
	3	2.72	1.27	
	4	3.63	1.69	
	5	4.53	2.11	65°
	6	5.44	2.54	
	7	6.34	2.96	
	8	7.25	3.38	
	9	8.16	3.80	
	10	9.06	4.23	
25° 30'	1	0.90	0.43	
	2	1.80	0.86	
	3	2.71	1.29	
	4	3.61	1.72	
	5	4.51	2.15	64° 30'
	6	5.41	2.58	
	7	6.32	3.01	
	8	7.22	3.44	
	9	8.12	3.87	
	10	9.03	4.30	
26°	1	0.90	0.44	
	2	1.80	0.88	
	3	2.70	1.32	
	4	3.60	1.75	
	5	4.49	2.19	64°
	6	5.39	2.63	
	7	6.29	3.07	
	8	7.19	3.51	
	9	8.09	3.95	
	10	8.99	4.38	
26° 30'	1	0.89	0.45	
	2	1.79	0.89	
	3	2.68	1.34	
	4	3.58	1.78	
	5	4.47	2.23	63° 30'
	6	5.37	2.68	
	7	6.26	3.12	
	8	7.16	3.57	
	9	8.05	4.01	
	10	8.95	4.46	
27°	1	0.89	0.45	
	2	1.78	0.91	
	3	2.67	1.36	
	4	3.56	1.82	
	5	4.46	2.27	63°
	6	5.35	2.72	
	7	6.24	3.18	
	8	7.13	3.63	
	9	8.02	4.09	
	10	8.91	4.54	
Angle de route	milles	E. O.	N. S.	Angle de route

Angle de route	milles	N. S.	E. O.	Angle de route
27° 30'	1	0.89	0.46	
	2	1.77	0.92	
	3	2.66	1.38	
	4	3.55	1.85	
	5	4.43	2.31	62° 30'
	6	5.32	2.77	
	7	6.21	3.23	
	8	7.10	3.69	
	9	7.98	4.15	
	10	8.87	4.62	
28°	1	0.88	0.47	
	2	1.77	0.94	
	3	2.65	1.41	
	4	3.53	1.88	
	5	4.41	2.35	62°
	6	5.30	2.82	
	7	6.18	3.29	
	8	7.06	3.76	
	9	7.95	4.23	
	10	8.83	4.69	
28° 30'	1	0.88	0.48	
	2	1.76	0.95	
	3	2.64	1.43	
	4	3.51	1.91	
	5	4.39	2.38	61° 30'
	6	5.27	2.86	
	7	6.15	3.34	
	8	7.03	3.82	
	9	7.91	4.29	
	10	8.79	4.77	
29°	1	0.87	0.48	
	2	1.75	0.97	
	3	2.62	1.45	
	4	3.50	1.94	
	5	4.37	2.42	61°
	6	5.25	2.91	
	7	6.12	3.39	
	8	7.00	3.88	
	9	7.87	4.36	
	10	8.75	4.85	
29° 30'	1	0.87	0.49	
	2	1.74	0.98	
	3	2.61	1.48	
	4	3.48	1.97	
	5	4.35	2.46	60° 30'
	6	5.22	2.95	
	7	6.09	3.45	
	8	6.96	3.94	
	9	7.83	4.43	
	10	8.70	4.92	
30°	1	0.87	0.50	
	2	1.73	1.00	
	3	2.60	1.50	
	4	3.46	2.00	
	5	4.33	2.50	60°
	6	5.20	3.00	
	7	6.06	3.50	
	8	6.93	4.00	
	9	7.79	4.50	
	10	8.66	5.00	
Angle de route	milles	E. O.	N. S.	Angle de route

Angle de route.	milles.	N. S.	E. O.	Angle de route.		milles.	N. S.	E. O.	Angle de route.		milles.	N. S.	E. O.	Angle de route.		milles.	N. S.	E. O.	Angle de route.		milles.	N. S.	E. O.
30°	1	0.86	0.51		33°	1	0.83	0.55		36°	1	0.80	0.59		39°	1	0.77	0.64		42°	1	0.74	0.67
30'	2	1.72	1.01		30'	2	1.67	1.10		30'	2	1.61	1.19		30'	2	1.54	1.27		30'	2	1.47	1.35
	3	2.58	1.52			3	2.50	1.65			3	2.41	1.78			3	2.31	1.91			3	2.21	2.03
	4	3.45	2.03			4	3.33	2.21			4	3.21	2.38			4	3.09	2.54	50°		4	2.95	2.70
	5	4.31	2.54	59°		5	4.17	2.76	56°		5	4.02	2.97	53°		5	3.86	3.18	30'		5	3.69	3.38
	6	5.17	3.04	30'		6	5.00	3.31	30'		6	4.82	3.57	30'		6	4.63	3.82			6	4.42	4.05
	7	6.03	3.55			7	5.84	3.86			7	5.63	4.16			7	5.40	4.45			7	5.16	4.73
	8	6.89	4.06			8	6.67	4.41			8	6.43	4.76			8	6.17	5.09			8	5.90	5.40
	9	7.75	4.57			9	7.50	4.97			9	7.23	5.35			9	6.94	5.72			9	6.63	6.08
	10	8.62	5.07			10	8.34	5.52			10	8.04	5.95			10	7.72	6.36			10	7.37	6.76
31°	1	0.86	0.52		34°	1	0.83	0.56		37°	1	0.80	0.60		40°	1	0.77	0.64		43°	1	0.73	0.68
	2	1.71	1.03			2	1.66	1.12			2	1.60	1.20			2	1.53	1.29			2	1.46	1.36
	3	2.57	1.55			3	2.49	1.68			3	2.40	1.81			3	2.30	1.93			3	2.19	2.05
	4	3.43	2.06			4	3.32	2.24			4	3.19	2.41			4	3.06	2.57	50°		4	2.93	2.73
	5	4.29	2.58	59°		5	4.15	2.80	56°		5	3.99	3.01	53°		5	3.83	3.21			5	3.66	3.41
	6	5.14	3.09			6	4.97	3.36			6	4.79	3.61			6	4.60	3.86			6	4.39	4.09
	7	6.00	3.61			7	5.80	3.91			7	5.59	4.21			7	5.36	4.50			7	5.12	4.77
	8	6.86	4.12			8	6.63	4.47			8	6.39	4.81			8	6.13	5.14			8	5.85	5.46
	9	7.71	4.64			9	7.46	5.03			9	7.19	5.42			9	6.89	5.79			9	6.58	6.14
	10	8.57	5.15			10	8.29	5.59			10	7.99	6.02			10	7.66	6.43			10	7.31	6.82
31°	1	0.85	0.52		34°	1	0.82	5.57		37°	1	0.79	0.61		40°	1	0.76	0.65		43°	1	0.72	0.69
30'	2	1.70	1.04		30'	2	1.65	1.13		30'	2	1.59	1.22		30'	2	1.52	1.30		30'	2	1.45	1.38
	3	2.56	1.57			3	2.47	1.70			3	2.38	1.83			3	2.28	1.95			3	2.18	2.06
	4	3.41	2.09			4	3.30	2.26			4	3.17	2.43	52°		4	3.04	2.60	49°		4	2.90	2.75
	5	4.26	2.61	58°		5	4.12	2.83	55°		5	3.97	3.04	30'		5	3.80	3.25	30'		5	3.63	3.44
	6	5.11	3.13	30'		6	4.94	3.40	30'		6	4.76	3.65			6	4.56	3.90			6	4.35	4.13
	7	5.97	3.66			7	5.77	3.96			7	5.55	4.26			7	5.32	4.54			7	5.08	4.82
	8	6.82	4.18			8	6.59	4.53			8	6.35	4.87			8	6.08	5.19			8	5.80	5.51
	9	7.67	4.70			9	7.42	5.10			9	7.14	5.48			9	6.84	5.84			9	6.53	6.19
	10	8.53	5.22			10	8.24	5.66			10	7.93	6.09			10	7.60	6.49			10	7.25	6.88
32°	1	0.85	0.53		35°	1	0.82	0.57		38°	1	0.79	0.62		41°	1	0.75	0.66		44°	1	0.72	0.69
	2	1.70	1.06			2	1.64	1.15			2	1.58	1.23			2	1.51	1.31			2	1.44	1.39
	3	2.54	1.59			3	2.46	1.72			3	2.36	1.85			3	2.26	1.97			3	2.16	2.08
	4	3.39	2.12			4	3.28	2.29			4	3.15	2.46	52°		4	3.02	2.62	49°		4	2.88	2.78
	5	4.24	2.65	58°		5	4.10	2.87	55°		5	3.94	3.08			5	3.77	3.28			5	3.60	3.47
	6	5.09	3.18			6	4.91	3.44			6	4.73	3.69			6	4.53	3.94			6	4.32	4.17
	7	5.94	3.71			7	5.73	4.02			7	5.52	4.31			7	5.28	4.59			7	5.04	4.86
	8	6.78	4.24			8	6.55	4.59			8	6.30	4.93			8	6.04	5.25			8	5.75	5.56
	9	7.63	4.77			9	7.37	5.16			9	7.09	5.54			9	6.79	5.90			9	6.47	6.25
	10	8.48	5.30			10	8.19	5.74			10	7.88	6.16			10	7.55	6.56			10	7.19	6.95
32°	1	0.84	0.54		35°	1	0.81	0.58		38°	1	0.78	0.62		41°	1	0.75	0.66		44°	1	0.71	0.70
30'	2	1.69	1.07		30'	2	1.63	1.16		30'	2	1.56	1.24		30'	2	1.50	1.32		30'	2	1.43	1.40
	3	2.53	1.61			3	2.44	1.74			3	2.35	1.87			3	2.25	1.99			3	2.14	2.10
	4	3.37	2.15			4	3.26	2.32	54°		4	3.13	2.49	51°		4	2.99	2.65	48°		4	2.85	2.80
	5	4.22	2.69	57°		5	4.07	2.90	30'		5	3.91	3.11	30'		5	3.74	3.31	30'		5	3.57	3.50
	6	5.06	3.22	30'		6	4.89	3.48			6	4.69	3.73			6	4.49	3.97			6	4.28	4.20
	7	5.90	3.76			7	5.70	4.06			7	5.48	4.36			7	5.24	4.64			7	4.99	4.91
	8	6.75	4.30			8	6.51	4.64			8	6.26	4.98			8	5.99	5.30			8	5.70	5.61
	9	7.59	4.83			9	7.33	5.23			9	7.04	5.60			9	6.74	5.96			9	6.42	6.31
	10	8.43	5.37			10	8.14	5.81			10	7.82	6.22			10	7.49	6.63			10	7.13	7.01
33°	1	0.84	0.54		36°	1	0.81	0.59		39°	1	0.78	0.63		42°	1	0.74	0.67		45°	1	0.71	0.71
	2	1.68	1.09			2	1.62	1.18			2	1.55	1.26			2	1.49	1.34			2	1.41	1.41
	3	2.52	1.63			3	2.43	1.76			3	2.33	1.89			3	2.23	2.01			3	2.12	2.12
	4	3.35	2.18			4	3.24	2.35	54°		4	3.11	2.52	51°		4	2.97	2.68	48°		4	2.83	2.83
	5	4.19	2.72	57°		5	4.05	2.94			5	3.89	3.15			5	3.72	3.35			5	3.54	3.54
	6	5.03	3.27			6	4.85	3.53			6	4.66	3.78			6	4.46	4.01			6	4.24	4.24
	7	5.87	3.81			7	5.66	4.11			7	5.44	4.41			7	5.20	4.68			7	4.95	4.95
	8	6.71	4.36			8	6.47	4.70			8	6.22	5.03			8	5.95	5.35			8	5.66	5.66
	9	7.55	4.90			9	7.28	5.29			9	6.99	5.66			9	6.69	6.02			9	6.36	6.36
	10	8.39	5.45			10	8.09	5.88			10	7.77	6.29			10	7.43	6.69			10	[illegible]	7.07
Angle de route.	milles.	E. O.	N. S.	Angle de route.		milles.	E. O.	N. S.	Angle de route.		milles.	E. O.	N. S.	Angle de route.		milles.	E. O.	N. S.	Angle de route.		milles.	E. O.	N. S.

www.ingramcontent.com/pod-product-compliance
Lightning Source LLC
LaVergne TN
LVHW021205200726
843510LV00001B/476